气动位置伺服系统控制

任海鹏　著

科学出版社

北京

内 容 简 介

本书对基于计算机和通用数据采集卡的气动位置计算机控制系统进行控制方法研究，内容包括：气动位置伺服系统整数阶 PID 和分数阶 PID 控制算法及其参数优化方法；气动位置伺服系统模型参考自适应控制方法，并针对期望输出方向发生变化时静摩擦的作用增加了摩擦力补偿方法；气动位置伺服系统的反步自适应控制方法；气动位置伺服系统的自抗扰控制方法及其参数优化；气动位置伺服系统控制方向未知时的自适应控制方法；气动位置伺服系统神经网络自适应控制方法；气动伺服位置系统的滑模控制方法。所用控制方法和参数优化方法均给出了基于 Visual Basics 的实验程序和实验结果。

本书可供机械工程和自动化工程等领域科研及工程技术人员参考，也可作为机械和自动化专业高年级本科生和相关专业研究生学习非线性控制系统的参考书。

图书在版编目(CIP)数据

气动位置伺服系统控制/任海鹏著. —北京：科学出版社，2021.10
ISBN 978-7-03-067191-2

Ⅰ. ①气… Ⅱ. ①任… Ⅲ. ①气动伺服系统—研究 Ⅳ. ①TP271

中国版本图书馆 CIP 数据核字（2020）第 246884 号

责任编辑：宋无汗 / 责任校对：杨 赛
责任印制：张 伟 / 封面设计：陈 敬

科学出版社 出版
北京东黄城根北街 16 号
邮政编码：100717
http://www.sciencep.com
北京中石油彩色印刷有限责任公司 印刷
科学出版社发行 各地新华书店经销
*
2021 年 10 月第 一 版 开本：720×1000 B5
2023 年 3 月第三次印刷 印张：13 1/2
字数：272 000
定价：120.00 元
（如有印装质量问题，我社负责调换）

前　言

瓦特发明蒸汽机为工业化带来了动力，法拉第发明电动机使人类进入了电气化时代，大大提高了人类社会的生产力水平。电驱动（电力传动）已经成为传动系统基本的动力来源，除此之外，液压和气动也是有效的辅助传动手段，在工业系统的特定场合起到不可替代的作用。现代工业系统已经向智能化方向迈进，作为底层执行单元的电动系统、液压和气动驱动系统性能的提升仍然是工业系统的基础。

气动位置控制系统以压缩空气作为动力来源，通过适当的变换和控制产生驱动力，带动负载跟踪位置指令，实现目标控制。气动系统的优点是以空气作为气源，获取方便，无污染，用后直接排放；无需防火、防爆，可以应用在恶劣场合；空气黏度小，管道阻力低，不阻塞，可以集中供气且远距离传输；气动元件结构简单，寿命长，系统反应速度快。其缺点是空气可压缩性强、伺服阀口气流复杂、精确建模困难、负载扰动等，使得气动位置控制系统的高精度控制十分困难。因此，传统气动控制系统主要应用于工件点点定位等控制精度要求不高的场合。

气动元件，尤其是伺服阀等技术水平和微控制器性价比的提升，为高性能气动位置伺服系统的实现提供了条件。本书主要研究基于伺服阀的气动位置控制系统的高性能控制问题。从控制工程的角度考虑气动位置伺服系统控制问题的难点，主要体现在如下几个方面：①气动系统的机理模型描述已知，但是精确参数很难获得；②系统参数在运动过程中会发生变化，主要取决于阀的状态和工作点变化；③系统中存在摩擦等强非线性因素的不确定影响；④控制方向未知，可能变化；⑤负载变化未知等。

作者自 2004 年主导建设气动控制实验室开始接触气动位置伺服系统，至今已有 17 年时间。在此期间，在德国 FESTO 公司气动位置伺服系统实验装置的基础上开发了自动控制实验方法，进行气动伺服系统辨识和控制实验研究。从开始的计算机控制 PID 难以实现位置跟踪，到采用摩擦补偿方法，再到采用各种非线性、自适应、智能控制方法，经历了一个由不熟悉到熟悉，由简单控制到复杂方法应用，以及控制性能不断提升的一个过程。目前，相关控制方法研究已取得阶段性成果。本书总结作者和学生进行的相关控制方法研究成果，介绍详细的设计方法和相关理论，并给出系统配置和实验实现程序，可供读者使用和验证。本书的实验可供机械工程和自动化领域高年级本科生和研究生学习非线性和智能控制方法时参考。

　　研究生王婷、黄超、樊军涛、龚佩芬、邓强强、王璇、焦姗姗先后参与了相关实验工作，王璇、焦姗姗参与了本书的资料整理，感谢他们的付出。感谢实验室林遂芳老师在实验环境和设备维护方面给予的帮助和支持。感谢家人的理解和支持。

　　由于作者水平有限，书中不足之处在所难免，敬请读者批评指正。

目　　录

第1章 绪 论

1.1 气动位置伺服系统概述

气动系统是以压缩空气作为动力源做功的装置。利用压缩空气的技术可以追溯到公元前,人们利用风箱产生压缩空气助燃。在工业领域,气动和液压是两种常用的流体传动技术,是电动系统后两种典型的传动方式,在特定应用场合具有不可替代的作用。气动系统的广泛应用始于第二次世界大战后的20年,此后气动系统广泛应用于工业领域,甚至一度超过液压系统的应用[1]。

与液压传动相比,气动系统具有如下优点[2]:①以空气作为工作介质,随处可得,获取方便;②无污染,用后可直接排放;③不存在防火、防爆问题,可以应用在恶劣场合;④元件简单、管路不阻塞、寿命长;⑤便于小型化和集中气源供气,管路流动损耗小、效率高。以上优点对应产生如下缺点:①空气可压缩,使得系统刚度低,负载稳定性差;②阀口气流特性复杂,非线性特性明显;③滑块与气缸间的摩擦成为高精度控制的障碍;④机理建模简单,但精确模型参数获得困难,模型参数在不同工作点间有时变特性;⑤负载变化、温度变化、气缸泄露等不确定因素对高性能控制提出了严苛要求。正是由于上述特点,气动系统更多地被应用于控制精度要求不高的点点定位环节,随着工业应用要求的提高,提高气动位置伺服系统的精度,扩展其应用领域成为气动位置伺服系统的发展方向。

近年来,现代控制理论的发展、高性价比控制器和新型气动元件的出现,给气动位置伺服系统的高性能控制带来了新机遇。在不提高系统硬件成本的情况下,通过控制器设计进行气动位置伺服系统高精度控制成为一个有意义的研究方向。从控制的角度,提高气动位置伺服系统的控制精度,需要考虑气动位置伺服系统对象的约束,以便提高系统性能。一般意义下,设计控制器时主要考虑以下几个方面:①系统具有强的非线性;②系统模型未知;③系统参数时变;④非线性特性(饱和非线性、滞回特性、死区特性等);⑤考虑摩擦力补偿;⑥考虑未知扰动;⑦是否需要压力、速度传感器;⑧考虑阀的零点;⑨控制方向未知;⑩状态受限。

下面对气动系统的控制方法进行综述,并对各种控制方法的特点进行总结。

1.2　气动位置伺服系统控制

1.2.1　PID 控制

比例-积分-微分（proportional-integral-derivative，PID）控制算法具有算法简单、鲁棒性强、可靠性高、调节相对容易等特点[3]，目前已被广泛应用于工业自动化领域。

实际上，气动位置伺服系统是一个高阶非线性时变系统，因此难以精确获知其数学模型。针对比例阀气动位置控制方法的特点，考虑 1.1 节中①、②方面，董晓倩[4]建立了气动位置伺服系统数学模型，在此基础上进行最优状态反馈控制器的设计，研究表明系统性能稳定、超调小、抗干扰能力强。考虑 1.1 节中①、③方面，祁佩等[5]在使用径向基函数（radial basis function，RBF）神经网络进行参数调整时引入动量因子，考虑参数变化过程中的经验，采用列文伯格-马夸尔特（Levenberg-Marquardt，LM）算法代替梯度下降法对 PID 参数进行实时在线调整，进而加快系统响应速度。考虑 1.1 节中①、⑦方面，许翔宇等[6]通过梯度下降法对反向传播（back propagation，BP）网络的加权系数进行修正，利用 BP 神经网络控制算法对 PID 参数进行实时调整，达到较优的控制效果。考虑 1.1 节中①~③方面，林黄耀[7]将神经网络与 PID 控制结合，并在神经网络参数调整中引入动量因子、PID 参数整定中采用 LM 算法，从而解决系统响应振荡较大、响应速度慢等问题；朱春波等[8]采用两个神经网络在对被控对象进行在线辨识的基础上，通过对自适应 PID 控制器的权系数进行实时调整，从而达到有效控制的目的；Salim等[9]利用非线性增益的速率变化特性结合自调节非线性函数对误差进行再处理，从而提出一种新型非线性 PID 控制器，实验证明，针对不同的输入，该控制器均能实现良好的控制性能。考虑 1.1 节中①、②、⑤方面，李庆等[10]基于非线性微分跟踪器运用一种小脑神经网络与 PID 的复合控制策略以提高系统的精确性及鲁棒性。考虑 1.1 节中①、②、⑥方面，Yuan 等[11]采用 RBF 神经网络对 PID 参数进行在线调整，保证了 PID 参数在运行过程中的最优状态，并缩短了系统的响应时间；Wang 等[12]利用加速度反馈代替压力反馈提高系统的稳定性，通过引入时滞和零偏差补偿来解决主要由空气和摩擦引起的时滞和死区问题，从而提高了系统的性能；赵弘等[13]提出一种基于压力反馈线性化、摩擦力实时补偿的内外双环控制策略，该算法结构简便、实用且控制效果较好。考虑 1.1 节中①、③、⑦方面，赵斌等[14]以被控对象的反馈值与目标值的偏差和偏差变化率作为输入，用模糊推理的方法进行 PID 参数在线自整定，从而使受控对象具有良好的动态性能和静态性能；鲍燕伟[15]结合上述模糊控制与增量式 PID 算法对系统进行实时控制。考虑 1.1 节中①、④、⑦方面，柏艳红等[16]将压力辅助控制与 PID 控制器相结合以避免 PID 控制时存在的振荡现象，从而提高定位精度。考虑 1.1 节中①～④方面，赵斌等[17]将 RBF 神经网络与 PID 控制器相结合实现控制参数的自适应整定，提高系统控制精度及参数整定的鲁棒性。考虑 1.1 节中①、②、④、⑤方面，王怡等[18]采用基于自适应神经网络补偿的比例-微分（proportional-derivative，PD）控制算法进行位置跟踪控制，在传统系统数学模型的基础上加入气缸低速摩擦力数学模型，有效地抑制了摩擦力引起的爬行现象。

针对开关阀气动装置，考虑 1.1 节中①、⑤方面，Varseveld 等[19]结合摩擦力补偿、位置前馈和 PID 控制，使得系统的跟踪性能获得改善。

常规 PID 控制方法基于对象数学模型，且控制器中的参数都由人工整定，而气动位置伺服系统的强非线性使得常规 PID 参数整定方法实现困难。为此，考虑 1.1 节中①～③方面，Ren 等[20]将分数阶 PID 控制器应用于气动位置伺服系统，采用多变量多目标遗传优化算法对控制器参数进行优化，与整数阶 PID 控制器对比发现该控制器能获得更好的控制效果。

1.2.2 自适应控制

针对运行条件变化、存在不确定性或时变的模型参数的控制策略可以分为两类：一类是鲁棒设计方法；另一类是自适应控制。传统的自适应控制系统包括模型参考自适应控制系统和自校正调节器两种，这两种方法在气动位置伺服系统中都有应用[2]。

针对比例阀气动位置控制方法的特点，考虑 1.1 节中①、③方面，Ren 等[21]提出了一种反步自适应控制器，控制器的设计采用反步法，对于假定参数未知的气动系统的三阶线性模型，给出了一种参数自适应律，实现了参数的调整和参考输出的高精度跟踪；Lee 等[22]由 Lyapunov 函数导出 Haar 小波级数系数的自适应律以保证系统的稳定性。同时，将 H_∞ 跟踪技术引入传统的自适应滑模控制方法，提出了一种基于正交 Haar 小波的自适应滑模控制器，该控制器对近似误差、非建模动态和扰动具有较强的鲁棒性，还可以减少控制抖振问题。考虑 1.1 节中①、⑤方面，Ren 等[23]设计了一种反步自适应控制器，该控制器采用气动位置伺服系统的线性模型设计，能够跟踪三种典型的参考信号，具有较高的精度。考虑 1.1 节中②、⑧、⑨方面，Ren 等[24]结合 Nussbaum 函数设计了反步自适应控制器，使得控制器在正向、反向连接时均能获得很好的跟踪性能。考虑 1.1 节中①～③方面，Araki 等[25]在气动位置伺服系统中采用了自适应状态反馈控制，反馈增益分为两部分，一部分是根据某一工况下的线性化数学模型按最优线性二次型性能指标设计的状态反馈增益；另一部分为用模型参考自适应方法修正的状态反馈增益。

考虑 1.1 节中①、②、⑤方面，闵为[26]采用极点配置自适应控制和组合自校正控制器控制策略后发现相对于极点配置自适应算法，组合自校正控制器能有效地抑制摩擦力等扰动因素对气动系统的影响，提高气动系统的鲁棒性和定位精度；Ren 等[27]基于参数待定的气动系统线性模型，采用反步技术设计自适应滑模控制器，根据 Lyapunov 分析设计的参数自适应律，保证了闭环系统的稳定性和参数的有界性；对于不匹配不确定性的系统，由于其变化界未知，传统的鲁棒设计、自适应策略均不能直接应用。考虑 1.1 节中①、③、④方面，Aschemann 等[28]比较了三种气动肌肉力滞后特性补偿策略，结合模糊控制和反步自适应控制实现了位置误差最大限度的减小。考虑 1.1 节中①、③、⑤方面，Tsai 等[29]采用基于函数逼近方法的设计来估计各种不确定性，进而提出一种自适应控制器，并利用 Lyapunov理论证明了闭环系统的稳定性。考虑 1.1 节中①、②、④方面，Zhou[30]针对具有输入饱和的不确定非线性系统，采用神经网络的逼近能力结合反步技术，实现了一种自适应控制器的设计。考虑 1.1 节中②～④方面，Meng 等[31]通过对死区参数及未知模型参数进行估计后对死区进行补偿，从而利用动态面策略设计自适应控制器。考虑 1.1 节中①～③、⑤方面，Yamada 等[32]提出了基于神经网络的自适应极点配置控制，利用神经网络对非线性的气动位置伺服系统建立线性化模型进行补偿，为该线性化模型设计自适应控制器以获得良好的控制性能。考虑 1.1 节中②～④、⑨方面，Ren 等[33]充分利用 RBF 神经网络对未知函数的逼近能力，结合 Nussbaum 函数和高斯误差函数，分别解决了气动系统存在的控制方向未知和输入饱和的问题，从而设计自适应控制器，对比实验结果发现，该控制器获得了更好的跟踪性能。

自适应控制可以在一定程度上解决被控对象的参数不确定性，但其本质仍要求对被控对象的模型参数进行在线辨识，因此算法较复杂，计算量大，对过程的未建模动态和扰动的适应性不强[7]。

1.2.3　滑模控制

滑模控制对系统参数变化和外部干扰具有较强的鲁棒性。无论是对线性系统还是非线性系统，滑模控制都显示出良好的控制性能。正是由于这些特点，滑模控制被应用于气动位置伺服系统[34-36]。

针对比例阀气动位置控制方法的特点，考虑 1.1 节中①方面，吕双等[37]采用带有边界的饱和度函数代替符号函数，选用合适的边界层厚度设计了滑模控制器，从而有效地减少了抖振现象，但仍依赖被控对象参数变化的上下界。为解决此问题，考虑 1.1 节中①、③方面，张远深等[38]提出基于智能控制的滑模变结构控制策略，用模糊控制方法减少抖动现象，神经网络控制消除滑模控制器设计中对不确定参数上下界的依赖，从而提高系统的鲁棒性及跟踪性能；Yan 等[39]提出一种三阶滑模控制器，该控制器只需输出及其一阶导数信息便可实现，由于减少了输出求导，从而减少了导数的使用；Ren 等[40]采用了分数阶滑模控制器实现对气动位置伺服系统的控制，根据文中对比结果可知该控制器不仅能够降低抖振，还能降低能量的消耗。考虑 1.1 节中①、⑤方面，Paul 等[34]采用包含位置误差、速度和加速度信号的线性函数作为切换函数设计连续滑模控制器，并引入边界层来减小控制量的"颤振"，实验表明该控制器对负载的变化具有较强的鲁棒性；Ayadi 等[41]使用比例项微分项代替滑模控制的不连续项并使用滑模面解决传统滑模控制存在的抖振现象以及滑模参数的选择问题；Wang 等[42]为了解决气动位置伺服系统在各种扰动作用下的有限时间位置跟踪控制问题，将扰动补偿和状态反馈控制相结合，提出了一种基于滑模控制方法和齐次理论的复合控制器，使得系统跟踪误差在有限时间内可以稳定到零。考虑 1.1 节中①、⑧方面，Ren 等[43]提出反步自适应滑模控制方法，将比例阀的零点作为不确定的参数，对其进行在线估计，利用 Lyapunov 定理使得跟踪误差渐近收敛为零。考虑 1.1 节中①、②、⑥方面，杨雷等[44]利用模糊推理对其动态方程中未知量进行逼近，在此基础上设计了自适应控制律，实现了系统快速的跟踪控制。考虑 1.1 节中①、③、⑥方面，Wang 等[45]设计了一种新的分数阶干扰观测器来估算失配干扰的分数阶微分，基于此观测器提出了一种分数阶滑模控制器。考虑 1.1 节中②、③、⑥方面，Liu 等[46]采用泰勒公式进行局部线性化从而获得合适的模型，RBF 神经网络用于逼近模型中的不确定部分从而设计滑模控制器，仿真证明该控制器能获得很好的控制性能。考虑 1.1 节中①～③、⑤方面，Ayadi 等[47]提出了一种自适应滑模控制器，用比例微分项代替了滑模控制中的不连续项，从而减小滑模控制的颤振现象，提高系统的鲁棒性。

针对开关阀气动装置，考虑 1.1 节中①～③、⑤方面，Hodgson 等[48]分析建立了基于四个开关阀的气动位置伺服系统的三模态平均模型和七模态平均模型，分别设计了滑模控制器，对于力控制和轨迹跟踪控制都取得了比较满意的效果。考虑 1.1 节中①～③方面，Barth 等[36]采用状态空间平均法消除与切换相关的不连续性，并对基于脉冲宽度调制（pulse width modulation，PWM）的气动系统进行建模，从而设计控制器。

相比其他的控制方法，滑模控制的控制规律设计简单，可以协调系统稳态和瞬态性能之间的矛盾，特别是其滑动模态对系统内部参数的变化和外部干扰具有完全不变性。但是滑模控制中，本质上的不连续开关特性会引起系统的"抖振"问题。连续化和降低切换增益是常用的两种解决"抖振"问题的方法，削弱了"抖振"也就削弱了滑模控制的抗干扰能力，因此必须在鲁棒性和"抖振"之间做出折中选择[10]。

1.2.4 自抗扰控制

自抗扰控制器（active disturbance rejection control，ADRC）是一种不依赖于模型的非线性控制器，它继承了 PID 控制的特质：误差驱动的控制律[49]，利用扰动观测器进行观测，并在控制中给予补偿。与传统 PID 控制方法的不同在于自抗扰控制方法将观测到的扰动第一时间由扩张状态观测器进行实时估计和动态补偿[50]，结合特殊的非线性反馈结构，具有较强的鲁棒性和实用性[51]。

针对比例阀气动位置控制方法的特点，考虑 1.1 节中①方面，Zhao 等[52]将自抗扰控制应用于气动位置伺服系统，解决了位置控制中超调较大的问题，保证了较高的精度和较快的响应速度；赵苓等[53]利用线性自抗扰控制器不依赖于被控对象精确数学模型的特点，解决被控气动系统各种不确定性问题，同时给出线性状态误差反馈控制器，保证系统的闭环响应性能。考虑 1.1 节中①、③方面，周宜然等[54]采用改进遗传优化算法对自抗扰控制器参数进行优化，使得系统有良好的系统响应和控制精度。考虑 1.1 节中①、③、⑥方面，刘昊等[55]采用三阶扩张状态观测器实时估计未建模型部分及外界扰动，对系统进行线性补偿，利用非线性反馈机制提高控制效率，进而设计了二阶自抗扰控制器。考虑 1.1 节中①、③、⑤、⑦方面，刘福才等[56]提出基于数据驱动的在线建模方法，该方法分为离线辨识和在线调参两个阶段，并加入积分环节，解决了自抗扰控制中静态误差难以消除的问题；尽管自抗扰控制器显示了强大的适应性和鲁棒性[57]，但也面临一些问题。例如，控制器参数较多，各参调对控制目标的影响规律尚不明确，因而整定比较困难，在自抗扰的实际应用过程中给工程技术人员带了较大难题。

1.2.5 鲁棒控制

气动位置伺服系统是一个强非线性系统，根据线性控制理论设计的控制器采用线性化模型，当工作点发生变化时，系统参数会发生变化，同时系统可能存在内外扰动[58]。

针对比例阀气动位置控制方法的特点，考虑 1.1 节中①、③方面，魏琼等[59]针对不同特征，通过反馈线性化进行变化，将输出控制量分为线性部分和非线性部分，线性部分采用极点配置原理进行设计，非线性部分采用 Lyapunov 再设计方法设计控制，通过综合时间绝对误差（integrated time absolute error，ITAE）优化算法进行求解，确保了系统的控制精度和快速性。考虑 1.1 节中①~③方面，杨庆俊等[60]在反馈线性化的基础上将具有强非线性的气动位置伺服系统转化为伪线性系统，采用 H_∞ 理论处理该伪线性系统的非线性扰动，使得该控制器对系统运行参数摄动和建模不准确具有鲁棒性。考虑 1.1 节中①、③、⑤方面，Song 等[61]

提出的控制方案能够全局、指数地将输出跟踪误差收敛到半径为任意正常数的子集上。考虑 1.1 节中①、③~⑤方面，孟凡淦等[62]基于遗传优化算法的气缸 LuGre 摩擦模型参数辨识方法和气腔压力变化的比例方向阀死区辨识方法，设计了基于反步法的非线性鲁棒控制器以实现气缸高精度跟踪控制。

针对开关阀气动装置，考虑 1.1 节中①、③方面，孟德远等[63]运用标准投影映射保证参数估计有界，由在线参数估计和基于反步法设计的非线性鲁棒控制器组成自适应鲁棒控制器。考虑 1.1 节中①、③、⑥方面，Zhou 等[64]提出了一种由前馈补偿器、线性状态反馈项、参数和常量扰动辨识器以及处理时变扰动的非线性开关控制器组成的控制器。

1.3 气动位置伺服系统控制方法特点对比

针对采用比例阀和开关阀的气动位置控制系统，现有控制方法特点的对比分别如表 1.1、表 1.2 所示。

表 1.1 文献中基于比例阀气动位置控制方法的特点

控制方法	文献	发表时间	方面	特点
PID 控制	[4]	2007	①、②	PID 控制+最优状态反馈控制
	[5]	2017	①、③	PID 控制+RBF 神经网络控制
	[6]	2016	①、⑦	PID 控制+BP 神经网络控制
	[7]	2015	①~③	PID 控制+神经网络控制
	[8]	2001	①~③	PID 控制+神经网络控制
	[9]	2014	①~③	自调节非线性 PID 控制
	[10]	2009	①、②、⑤	PID 控制+小脑神经网络控制
	[11]	2010	①、②、⑥	神经网络控制+PID 控制
	[12]	1999	①、②、⑥	PID 控制
	[13]	2005	①、②、⑥	PID 控制
	[14]	2008	①、③、⑦	PID 控制+模糊推理
	[15]	2010	①、③、⑦	增量式 PID 控制+模糊控制
	[16]	2005	①、④、⑦	PID 控制
	[17]	2007	①~④	PID 控制+RBF 神经网络控制
	[18]	2018	①、②、④、⑤	PID 控制+RBF 神经网络控制
	[20]	2019	①~③	分数阶 PID 控制

续表

控制方法	文献	发表时间	方面	特点
自适应控制	[21]	2013	①、③	反步自适应控制
	[22]	2012	①、③	自适应控制+滑模控制
	[23]	2013	①、⑤	反步自适应控制
	[24]	2019	②、⑧、⑨	反步自适应控制
	[25]	1989	①~③	自适应控制+状态反馈控制
	[26]	2010	①、②、⑤	极点配置自适应控制+自校正控制
	[27]	2016	①、②、⑤	反步自适应控制+滑模控制
	[28]	2012	①、③、④	模糊控制+反步自适应控制
	[29]	2008	①、③、⑤	自适应控制
	[30]	2009	①、②、④	反步自适应控制+神经网络控制
	[31]	2019	②~④	自适应控制+动态面控制
	[32]	2003	①~③、⑤	自适应极点配置+神经网络控制
	[33]	2020	②~④、⑨	RBF 神经网络控制
滑模控制	[37]	2005	①	滑模控制
	[38]	2008	①、③	滑模控制+神经网络控制
	[39]	2017	①、③	滑模控制
	[40]	2019	①、③	分数阶滑模控制
	[34]	1994	①、⑤	滑模控制
	[41]	2018	①、⑤	滑模控制
	[42]	2016	①、⑤	滑模控制+齐次理论
	[43]	2017	①、⑧	滑模控制+反步自适应控制
	[44]	2017	①、②、⑥	模糊控制+自适应控制
	[45]	2018	①、③、⑥	分数阶滑模控制
	[46]	2019	②、③、⑥	滑模控制+RBF 神经网络控制
	[47]	2017	①~③、⑤	滑模控制+自适应控制
自抗扰控制	[52]	2015	①	自抗扰控制
	[53]	2017	①	线性自抗扰控制
	[54]	2015	①、③	自抗扰控制+遗传优化算法
	[55]	2011	①、③、⑥	自抗扰控制
	[56]	2015	①、③、⑤、⑦	自抗扰控制
鲁棒控制	[59]	2017	①、③	鲁棒控制+反馈线性化
	[60]	2002	①~③	鲁棒控制+反馈线性化
	[61]	1997	①、③、⑤	鲁棒控制
	[62]	2018	①、③~⑤	非线性鲁棒控制+遗传优化算法

表 1.2 文献中基于开关阀气动位置控制方法的特点

控制方法	文献	发表时间	方面	特点
PID 控制	[19]	1997	①、⑤	PID 控制+未知前馈
滑模控制	[36]	2002	①~③	滑模控制+状态空间平均法
	[48]	2015	①~③、⑤	滑模控制
鲁棒控制	[63]	2015	①、③	鲁棒控制+自适应控制
	[64]	2003	①、③、⑥	鲁棒控制

1.4 本 书 内 容

本书针对基于伺服阀的气动位置控制系统，研究其计算机控制方法，具体包括：

第 2 章给出气动位置伺服系统的数学模型；

第 3 章给出几种群体优化算法，为后续多个章节中的控制参数优化的基础；

第 4 章给出气动位置伺服系统的 PID 优化控制方法，包括整数阶 PID 控制、分数阶 PID 控制及各自对应的参数优化方法；

第 5 章设计气动位置伺服系统的模型参考自适应控制方法，并给出了摩擦力的迭代学习补偿方法；

第 6 章设计气动位置伺服系统的两种反步自适应控制方法；

第 7 章设计气动位置伺服系统的线性自抗扰控制器和非线性自抗扰控制器，并利用优化方法对自抗扰控制器参数进行了优化；

第 8 章设计考虑方向未知和阀零点不精确的自适应控制方法；

第 9 章设计模型和参数同时未知时的神经网络自适应控制器，并证明了控制器的稳定性。

第 10 章设计气动位置伺服系统基于指数趋近率的滑模变结构控制器、终端滑模控制器、超螺旋滑模控制器、分数阶滑模控制器，并进行了对比分析。

本书各章关系如图 1.1 所示。其中，第 2、3 章是后续控制方法和参数优化方法的基础，第 3 章内容直接应用于第 4、7 章；第 2 章模型结构和线性化模型则在后续滑模控制、自适应控制中作为模型参考。

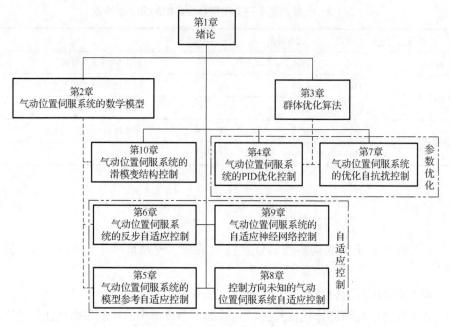

图 1.1　本书各章关系

参 考 文 献

[1] 陆鑫盛, 周洪. 系统自动化系统的优化设计[M]. 上海: 上海科学技术文献出版社, 2000.

[2] 柏艳红. 气动伺服系统分析与控制[M]. 北京: 冶金工业出版社, 2014.

[3] 吴璇, 张建生, 王一夫, 等. 改进粒子群优化算法在磁轴承中的研究[J]. 制造技术与机床, 2017, (7): 62-67.

[4] 董晓倩. 基于比例阀的气动伺服系统最优控制策略[J]. 液压与气动, 2007, (3): 27-29.

[5] 祁佩, 黄顺舟, 王炜, 等. 改进 RBF 网络 PID 算法及在气动力伺服系统中的应用[J]. 液压与气动, 2017, (4): 111-117.

[6] 许翔宇, 袁锐波. 基于神经网络控制算法的气动伺服系统运动分析研究[J]. 机械与电子, 2016, 34(8): 41-43.

[7] 林黄耀. 改进 PID 算法在气动位置伺服控制系统中的应用[J]. 长春师范大学学报(自然科学版), 2015, 34(6): 34-39.

[8] 朱春波, 包钢, 程树康, 等. 基于比例阀的气动伺服系统神经网络控制方法的研究[J]. 中国机械工程, 2001, 12(12): 1412-1414.

[9] SALIM S N S, RAHMAT M F, FAUDZI A M, et al. Position control of pneumatic actuator using self-regulation nonlinear PID[J]. Mathematical Problems in Engineering, 2014, 957041: 1-12.

[10] 李庆, 袁锐波, 杨海峰, 等. 基于 CMAC 和 PID 复合控制的气动位置伺服系统研究[J]. 流体传动与控制, 2009, (5): 19-21.

[11] YUAN R, SUN C, BA S, et al. Analysis of position servo system of pneumatic manipulator based on RBF neural network PID control[C]. International Conference on Web Information Systems and Mining (WISM 2010), Sanya, China, 2010: 221-226.

[12] WANG J H, PU J S, MOORE P. A practical control strategy for servo-pneumatic actuator systems[J]. Control Engineering Practice, 1999, 7(12): 1483-1488.

[13] 赵弘, 林立, 董霞,等. 基于反馈线性化的非线性气动伺服系统跟踪控制[J]. 系统仿真学报, 2005, 17(4): 971-973.

[14] 赵斌, 付强, 廖明华,等. 气动油压伺服系统模糊自适应整定的 PID 控制研究[J]. 机床与液压, 2008, (4): 122-124.

[15] 鲍燕伟. 基于 DSP 气动伺服系统的智能模糊 PID 控制[J]. 液压与气动, 2010, (7): 29-32.

[16] 柏艳红, 李小宁. 比例阀控摆动气缸位置伺服系统及其控制策略研究[J]. 液压与气动, 2005, (2): 10-13.

[17] 赵斌, 蔡开龙, 谢寿生. 气动油压伺服系统的智能 PID 控制研究[J]. 微计算机信息, 2007, 23(25): 83-85.

[18] 王怡, 朱凌云. 气缸运动控制系统的设计与研究[J]. 石油化工自动化, 2018, 54(1): 42-47.

[19] VARSEVELD R B V, BONE G M. Accurate position control of a pneumatic actuator using on/off solenoid valves[J]. IEEE/ASME Transaction on Mechatronics, 1997, 2(3): 195-204.

[20] REN H P, FAN J T, KAYNAK O. Optimal design of a fractional order PID controller for a pneumatic position servo system[J]. IEEE Transactions on Industrial Electronics, 2019, 66(8): 6220-6228.

[21] REN H P, HUANG C. Experimental tracking control for pneumatic system[C]. 2013-39th Annual Conference of the IEEE Industrial Electronics Society, Vienna, Austria, 2013: 4126-4130.

[22] LEE L W, LI I H. Wavelet-based adaptive sliding-mode control with H_∞ tracking performance for pneumatic servo system position tracking control[J]. IET Control Theory & Applications, 2012, 6(11): 1699-1714.

[23] REN H P, HUANG C. Adaptive backstepping control of pneumatic servo system[C]. IEEE International Symposium on Industrial Electronics, Taibei, China, 2013: 1-6.

[24] REN H P, WANG X, FAN J T, et al. Adaptive backstepping control of a pneumatic system with unknown model parameters and control direction[J]. IEEE Access, 2019, 7: 64471-64482.

[25] ARAKI K, YAMAMOTO A. Model reference adaptive control of a pneumatic servo system with the constant trace algorithm[J]. Transactions of the Japan Hydraulics & Pneumatics Society, 1989, 20: 232-239.

[26] 闵为. 气动伺服系统自适应控制方法研究[J]. 液压与气动, 2010, (9): 11-13.

[27] REN H, FAN J. Adaptive backstepping slide mode control of pneumatic position servo system[J]. Chinese Journal of Mechanical Engineering, 2016, 29(5): 1003-1009.

[28] ASCHEMANN H, SCHINDELE D. Comparison of model-based approaches to the compensation of hysteresis in the force characteristic of pneumatic muscles[J]. IEEE Transactions on Industrial Electronics, 2012, 61(7): 3620-3629.

[29] TSAI Y C, HUANG A C. FAT-based adaptive control for pneumatic servo systems with mismatched uncertainties[J]. Mechanical Systems & Signal Processing, 2008, 22(6): 1263-1273.

[30] ZHOU J. Adaptive neural network control of uncertain nonlinear plants with input saturation[C]. Chinese Control and Decision Conference, Guilin, China, 2009: 23-28.

[31] MENG D Y, LI A M, LU B, et al. Adaptive dynamic surface control of pneumatic servo systems with valve dead-zone compensation[J]. IEEE Access, 2019, 6: 71378-71388.

[32] YAMADA Y. Adaptive pole-allocation control with multi-rate neural network for pneumatic servo system[J]. Transactions of the Japan Society of Mechanical Engineers C, 2003, 69(679): 639-645.

[33] REN H P, JIAO S S, WANG X, et al. Adaptive RBF neural network control of pneumatic servo system[C]. International Federation of Automatic Control World Congress, Berlin, German, 2020: 1-6.

[34] PAUL A K, MISHRA J K, RADKE M G. Reduced order sliding mode control for pneumatic actuator[J]. IEEE Transactions on Control Systems Technology, 1994, 2(3): 271-276.

[35] SURGENOR B W, VAUGHAN N D. Continuous sliding mode control of a pneumatic actuator[J]. Journal of Dynamic Systems Measurement & Control, 1997, 119(3): 578-581.

[36] BARTH E J, ZHANG J, GOLDFARB M. Sliding mode approach to PWM-controlled pneumatic systems[C]. American Control Conference, Anchorage, USA, 2002: 2362-2367.

[37] 吕双, 邢科礼. 滑模控制在气动位置伺服系统中的应用[J]. 机械工程师, 2005, (10): 59-60.

[38] 张远深, 张文涛, 徐正华,等. 模糊神经滑模控制在气动位置伺服系统中的应用[J]. 机床与液压, 2008, (5): 58-60.

[39] YAN X, FRANCK P, PRIMOT M. A new third order sliding mode controller- application to an electropneumatic actuator[J]. IEEE Transactions on Control Systems Technology, 2017, 25(2): 744-751.

[40] REN H P, WANG X, FAN J T, et al. Fractional order sliding mode control of a pneumatic position servo system[J]. Journal of the Franklin Institute, 2019, 356: 6160-6174.

[41] AYADI A, SMAOUI M, ALOUI S, et al. Adaptive sliding mode control with moving surface: Experimental validation for electropneumatic system[J]. Mechanical Systems and Signal Processing, 2018, 109: 27-44.

[42] WANG X J, SUN J K, LI G P. Finite-time composite position control for a disturbed pneumatic servo system[J]. Mathematical Problems in Engineering, 2016, 4505340: 1-11.

[43] REN H P, GONG P F, LI J. Pneumatic position servo control considering the proportional valve zero point[C]. IEEE International Conference on Mechatronics, IEEE, Churchill, VIC, Australia, 2017: 166-171.

[44] 杨雷, 白国振, 朱灵康. 一种基于气动加载系统的控制器设计[J]. 电子科技, 2017, 30(8): 44-55.

[45] WANG J, SHAO C F, CHEN Y Q. Fractional order sliding mode control via disturbance observer for a class of fractional order systems with mismatched disturbance[J]. Mechatronics, 2018, 53: 8-19.

[46] LIU G, YANG C, DUAN F, et al. A Sliding mode controller for pneumatic system based on neural network minimum parameter learning method[C]. The 9th International Conference on Information Science and Technology (ICIST), Hulunbuir, China, 2019: 502-507.

[47] AYADI A, SOUFIEN H, SMAOUI M, et al. Robust control of electropneumatic actuator position via adaptive sliding mode approach[C]. International Conference on Sciences & Techniques of Automatic Control & Computer Engineering, Sousse, Tunisia, 2017: 520-525.

[48] HODGSON S, TAVAKOLI M, PHAM M T, et al. Nonlinear discontinuous dynamics averaging and PWM-based sliding control of solenoid-valve pneumatic actuators[J]. IEEE/ASME Transactions on Mechatronics, 2015, 20(2): 876-888.

[49] HAN J Q. From PID to active disturbance rejection control[J]. IEEE Transactions on Industrial Electronics, 2009, 56(3): 900-906.

[50] 王燕波, 包钢, 王祖温. 自抗扰控制器在气压伺服控制系统中的应用[J]. 大连海事大学学报, 2007, 33(3): 6-10.

[51] DUAN H D, TIAN Y T, LI J S, et al. Control for a class of higher order nonlinear system based on cascade of active disturbance rejection controller[J]. Control & Decision, 2012, 27(2): 216-220.

[52] ZHAO L, YANG Y F, XIA Y Q, et al. Active disturbance rejection position control for a magnetic rodless pneumatic cylinder[J]. IEEE Transactions on Industrial Electronics, 2015, 62(9): 5838-5846.

[53] 赵苓, 张斌. 线性自抗扰气缸位置伺服控制研究[J]. 液压与气动, 2017, (2): 17-21.

[54] 周宜然, 甘屹, 陶益民,等. 基于改进遗传优化算法的伺服系统自抗扰控制研究[J]. 机械工程与自动化, 2015, (1): 159-161.

[55] 刘昊, 王涛, 范伟,等. 气动人工肌肉关节的自抗扰控制[J]. 机器人, 2011, 33(4): 461-466.

[56] 刘福才, 贾亚飞, 刘爽爽. 气动加载系统的积分型线性自抗扰控制[J]. 控制理论与应用, 2015, 32(8): 1090-1097.

[57] 关学忠, 白云龙, 孙立刚,等. 基于分数阶微积分的自抗扰控制[J]. 电子设计工程, 2016, 24(6): 111-114.

[58] MENG F, TAO G, LIU H, et al. Research on pneumatic position servo control strategy and DSP controller[C]. IEEE International Conference on Advanced Intelligent Mechatronics, Munich, Germany, 2017: 279-284.

[59] 魏琼, 焦宗夏, 段宁民,等. 气动伺服加载系统的非线性复合控制方法[J]. 机械工程学报, 2017, 53(14): 218-224.

[60] 杨庆俊, 王祖温, 路建萍. 基于反馈线性化的气压伺服系统非线性 H_∞ 控制[J]. 南京理工大学学报, 2002, 26(1): 52-56.

[61] SONG J B, ISHIDA Y. Robust tracking controller design for pneumatic servo system[J]. International Journal of Engineering Science, 1997, 35(10): 905-920.

[62] 孟凡淦, 陶国良, 王帮猛,等. 气动伺服系统的摩擦力与死区参数辨识及控制[J]. 中南大学学报(自然科学版), 2018, 49(11): 2701-2708.

[63] 孟德远, 陶国良, 李艾民,等. 高速开关阀控气动位置伺服系统的自适应鲁棒控制[J]. 机械工程学报, 2015, 51(10): 180-188

[64] ZHOU D, SHEN T, TAMURA K. Adaptive control of a pneumatic valve with unknown parameters and disturbances[C]. 2003 SICE Annual Conference, Fukui, Japan, 2003, 3: 2703-2707.

第 2 章　气动位置伺服系统的数学模型

2.1　气动位置伺服系统硬件平台简介

本章所用的气动实验系统的硬件平台为德国 FESTO 公司生产，其部件包括：稳压电源、比例阀（MPYE-5-1/8-HF-010-B）、模拟位移传感器（MLO-POT-450-5TLF）、无杆气缸（DGPL-25-450-PPV）。本实验系统采用上海曲晨机电技术有限公司生产的空气压缩泵产生压缩空气作为气源，北京阿尔泰科技发展有限公司生产的 PCI2306 数据采集卡进行位置信息的采集和比例阀控制量的输出。配置 PCI2306 采集卡的 A/D 以差动输入方式采集位置信号，D/A 输出用于控制伺服阀，构成气动位置伺服控制系统，该系统实验设备实物如图 2.1 所示。

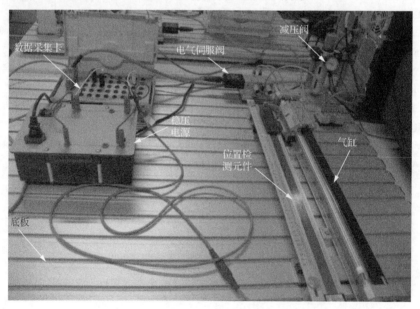

图 2.1　气动位置伺服系统实验设备实物图

2.2　气动位置伺服系统工作原理

气动位置伺服系统的工作原理如图 2.2 所示，由空气压缩泵提供压缩空气作为气源，压缩空气通过比例阀的控制进入\流出（左侧）气腔 A\（右侧）气腔 B，使得两腔产生压力差，压力差作用在活塞上，使活塞和滑块产生运动。活塞和滑块的运动通过电位器检测变换成 0～10V 电信号，通过数据采集卡的 A/D 转换传入计算机，计算机根据控制器程序计算得到控制输出量。控制输出量通过 D/A 转换控制伺服阀，驱动阀芯运动，从而改变两腔压力，压力差推动气缸活塞和滑块带动负载完成期望运动，从而构成闭环控制系统。本系统伺服阀的输入电压为 0～10V，其理论零点为 5V，因此控制器输出的电压都要加上偏置电压（阀的零点电压），实验前需预先将滑块定位于导轨的中间位置附近。同时为了减少能量损耗，控制器输出限幅为 $[U_{\min}, U_{\max}]$。

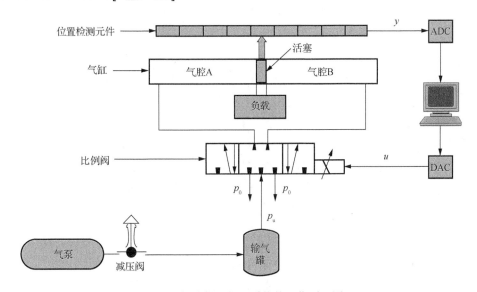

图 2.2　气动位置伺服系统的工作原理图

2.3　气动位置伺服系统机理建模

本书所提及的气动位置伺服系统以比例阀的输入为系统的输入，气缸滑块的位移为系统的输出，进行系统的机理建模，建模过程中做如下假设：

（1）系统的工作介质（空气）为理想气体；

（2）气体在整个系统中的流动过程为等熵绝热过程；

（3）同一容腔内的各个点在同一瞬时气体压力和温度相等；

（4）忽略气缸内外的泄漏；

（5）活塞运动时，两腔内气体的体积变化过程为绝热过程；

（6）气源压力、大气压力和气源温度恒定。

气腔 A 和 B 内的压力方程如下：

$$\begin{cases} \dot{p}_a = \dfrac{KRTq_{ma}}{A(L_0+y)} + \dfrac{Kp_a\dot{y}}{L_0+y} \\ \dot{p}_b = \dfrac{KRTq_{mb}}{A(L_0-y)} - \dfrac{Kp_b\dot{y}}{L_0-y} \end{cases} \tag{2.1}$$

式中，p_a 和 p_b 分别为气腔 A 和 B 的压力；q_{ma} 和 q_{mb} 分别是流入气腔 A 和 B 的气体质量流量；A 为气缸内的有效截面面积；L_0 为活塞初始位置；y 为活塞位移；K 为比热比绝热指数；R 为气体常数；T 为气缸内空气温度。

设阀口的上游绝对压强为 p_u，且保持稳定，下游绝对压强为 p_d，则经过比例阀阀口的质量流量方程为

$$q_{m(a,b)} = \begin{cases} C_d\omega x_v p_u \sqrt{\dfrac{2K}{TR(K-1)}} \sqrt{\left(\dfrac{p_d}{p_u}\right)^{\frac{2}{K}} - \left(\dfrac{p_d}{p_u}\right)^{\frac{K+1}{K}}}, & C_r < \dfrac{p_d}{p_u} < 1 \\ C_d\omega x_v p_u \sqrt{\dfrac{K}{TR}\left(\dfrac{2}{K+1}\right)^{\frac{K+1}{K-1}}}, & 0 < \dfrac{p_d}{p_u} \leqslant C_r \end{cases} \tag{2.2}$$

式中，C_d 为流量系数；ω 为比例阀面积梯度；x_v 为比例阀的阀芯位移，是阀控制量 u 的函数；C_r 为临界压力比。对于气腔 A、B，气体通过比例阀的质量流量是阀控制量 u 和压强 p_a、p_b 的函数，可以表示为

$$\begin{cases} q_{ma} = \sqrt{p_u - p_a}\,(c_{a1}u + c_{a2}u^2) \\ q_{mb} = \sqrt{p_b - p_0}\,(c_{b1}u + c_{b2}u^2) \end{cases} \tag{2.3}$$

式中，p_0 为大气压；c_{a1} 和 c_{a2}、c_{b1} 和 c_{b2} 分别为对应的控制量增益系数。

根据牛顿第二定律得到负载的运动方程：

$$p_a A_a - p_b A_b - F_L - F_f = M\ddot{y} \tag{2.4}$$

式中，$\ddot{y}$ 为负载（活塞和滑块）的加速度；F_f 为摩擦力，等于静摩擦力、库仑摩擦力、黏性摩擦力之和；F_L 为负载上施加的外力；M 为负载（活塞和滑块）的总质量。

摩擦对气动位置伺服系统性能的影响很大，特别是当系统处于低速运动或小位移，或者运动方向发生变化时，摩擦是导致气缸气动系统控制精度不高的原因之一。气缸摩擦力与速度的关系如图 2.3 所示。当气缸处于静止状态时，摩擦力非常大，表现为静摩擦力；当气缸两腔的压力差逐渐增大，直到克服了静摩擦力开始运动时，气缸的摩擦力迅速降低为库仑摩擦力，气缸的运动速度逐渐增大；当气缸的运动速度增大到一定值之后，摩擦力又会逐渐增加，表现为黏性摩擦力。

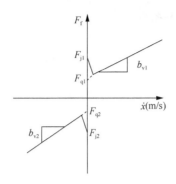

图 2.3　气缸摩擦力与速度的关系

结合图 2.3 所示气缸摩擦力与速度的关系。摩擦力的具体表达式为

$$F_{f} = \begin{cases} b_{v1}\dot{y} + F_{q1}, & \dot{y} > 0 \\ A_{a}p_{a} - A_{b}p_{b}, & \dot{y} = 0 \\ b_{v2}\dot{y} - F_{q2}, & \dot{y} < 0 \end{cases} \quad (2.5)$$

式中，b_{v1} 和 b_{v2} 分别为气缸两腔的黏性摩擦系数；F_{q1} 和 F_{q2} 分别为气缸两腔的库仑摩擦力。

联立式（2.1）～式（2.5），可得气动位置伺服控制系统机理模型如式（2.6）[1-3]：

$$\begin{cases} \dot{m}_{a} = q_{ma} \\ \dot{m}_{b} = q_{mb} \\ KRT\dot{m}_{a} = Kp_{a}A_{a}\dot{y} + A_{a}(L_{0}+y)\dot{p}_{a} \\ KRT\dot{m}_{b} = -Kp_{b}A_{b}\dot{y} + A_{b}(L_{0}-y)\dot{p}_{b} \\ M\ddot{y} = p_{a}A_{a} - p_{b}A_{b} - F_{f} \end{cases} \quad (2.6)$$

2.4　气动位置伺服系统模型的线性化

在活塞运动过程中，气缸内气体的各项参数都是时变的，使得气动位置伺服系统成为一个强非线性时变系统。一般认为气缸中位的特性具有代表性，通常以气缸在中位时的情况分析系统的特性设计控制器。因此，本书在气缸中位对气缸模型中的 q_{ma} 和 q_{mb} 进行局部线性化，得到系统的线性传递函数如下：

$$\left(s^{2} + \frac{b_{v}}{M}s + \frac{Kp_{a0}A_{a}^{2}}{V_{a0}M} + \frac{Kp_{b0}A_{b}^{2}}{V_{b0}M} \right) \cdot s \cdot y = \left(\frac{KRT_{a}k_{p1}A_{a}}{V_{a0}M} + \frac{KRT_{b}k_{p2}A_{b}}{V_{b0}M} \right)u$$

$$+ \left(\frac{KRT_{a}k_{c1}p_{a0}A_{a}}{V_{a0}M} - \frac{KRT_{b}k_{c2}p_{b0}A_{b}}{V_{b0}M} \right) - \frac{F_{L}+F_{f}}{M}s \quad (2.7)$$

式中，b_v 为腔内的黏性摩擦系数，

$$
\begin{cases}
k_{p1} = \dfrac{\partial q_{ma}}{\partial u}\Big| u = x_{vi} \\[2mm]
k_{p2} = \dfrac{\partial q_{mb}}{\partial u}\Big| u = x_{vi} \\[2mm]
k_{c1} = \dfrac{\partial q_{ma}}{\partial p_a}\Big| p_a = p_{ai} \\[2mm]
k_{c2} = \dfrac{\partial q_{mb}}{\partial p_b}\Big| p_b = p_{bi} \\[2mm]
V_{a0} = A\left(\dfrac{L_0}{2} + y\right) \\[2mm]
V_{b0} = A\left(\dfrac{L_0}{2} - y\right)
\end{cases}
\tag{2.8}
$$

式中，x_{vi} 为平衡点 i 上的比例阀的阀芯位移；p_{ai}、p_{bi} 分别为平衡点 i 上气缸左右两腔的压力；q_{ma}、q_{mb} 分别为气缸左右两腔的气体的质量流量；k_{p1}、k_{p2}、k_{c1}、k_{c2} 分别为阀的流量增益和阀的流量压力系数。

忽略系统的静摩擦力、库仑摩擦力以及外力作用，得到阀芯位移 x_v 到系统输出 Y 的传递函数为

$$
G(s) = \frac{Y(s)}{X_v(s)} = \frac{K\omega^2}{s\left(s^2 + 2\xi\omega \cdot s + \omega^2\right)}
\tag{2.9}
$$

式中，$\omega = \sqrt{\dfrac{Kp_a A_a^{\,2}}{V_{a0}M} + \dfrac{Kp_b A_b^{\,2}}{V_{b0}M}}$；$\xi = \dfrac{b_v}{2\omega M}$；$K = \dfrac{RT_a A_a k_{p1}V_a - RT_b A_b k_{p2}V_b}{p_a A_a^{\,2}V_b + p_b A_b^{\,2}V_a}$。

考虑到控制阀的惯性，则可以得到系统输出 Y 到控制阀的输入电压 U 之间的传递函数：

$$
G(s) = \frac{Y(s)}{U(s)} = \frac{K\omega^2}{s\left(s^2 + 2\xi\omega \cdot s + \omega^2\right)} \cdot \frac{k_v}{1 + \tau_v s}
\tag{2.10}
$$

即可以将系统模型近似为

$$
G(s) = \frac{K\omega^2 k_v}{s\left[\omega^2 + \left(2\xi\omega + \tau_v\omega^2\right)s + \left(1 + 2\xi\omega\tau_v\right)s^2 + \tau_v s^3\right]}
\tag{2.11}
$$

根据上述分析得到的系统模型为四阶线性模型。有时忽略阀的惯性特性，即

将比例阀简化成一个比例环节，则可以得到三阶线性系统。三阶线性化模型可以简化如下[4, 5]：

$$\begin{cases} \dot{x}_1(t) = x_2(t) \\ \dot{x}_2(t) = x_3(t) \\ \dot{x}_3(t) = a_1 x_1(t) + a_2 x_2(t) + a_3 x_3(t) + bu(t) + d(t) \\ y(t) = x_1(t) \end{cases} \tag{2.12}$$

式中，$x_1(t) = y(t)$；$x_2(t) = \dot{y}(t)$；$x_3(t) = \ddot{y}(t)$；a_1、a_2、a_3 为系统未知参数；b 为控制增益；$u(t)$ 为系统控制输入；$d(t)$ 为扰动。

　　非线性物理系统本质上是连续的，并且很难进行离散化。如果利用高采样率，数字控制系统的分析和设计可以被看作是连续系统。因此，可以用连续时间的形式进行非线性系统的分析和控制，但控制规律的执行一般是数字化的。控制器设计中的数字微分是为了得到时间导数的合理的估计，避免产生大的噪声。通常采用以下三种方法对滤波微分进行离散化处理。

　　（1）当采样率很高或对于低维系统时，常采用 Euler 方法：

$$\dot{x} = \frac{x_{new} - x_{old}}{T} \tag{2.13}$$

式中，x_{new} 为新采样值；x_{old} 为上一个周期采样值；T 为采样周期。

　　（2）假设考虑零阶系统的情形，微分方程的离散化为

$$\begin{cases} y_{new} = a_1 y_{old} + a_2 x \\ \dot{x}_{new} = \alpha(x - y_{new}) \end{cases} \tag{2.14}$$

式中，常数 a_1 和 a_2 定义为

$$\begin{cases} a_1 = e^{-\alpha T} \\ a_2 = 1 - a_1 \end{cases} \tag{2.15}$$

式中，T 为采样周期；α 为常数。

　　（3）使近似导数通过一个零阶保持的离散滤波器，即

$$\dot{x}_{new} = c_1 \dot{x}_{old} + (1 - c_1) \frac{x - x_{old}}{T} \tag{2.16}$$

式中，$c_1 = e^{-\alpha T}$；T 为采样周期；$\alpha \gg 1$。

2.5　气动位置伺服系统的计算机控制

　　实现气动位置伺服系统闭环控制的计算机控制系统结构如图 2.4 所示。其中，y_d 为系统的参考信号；y 为负载的实际位置采样信号。实验过程中，实际位置信号由电压式位移传感器检测，PCI2306 数据采集卡的 A/D 进行差动输入实时采集；

e 为给定与输出相减得到的系统跟踪误差；u 为控制器输出信号，经过 D/A 转换为模拟量，用来控制比例阀。

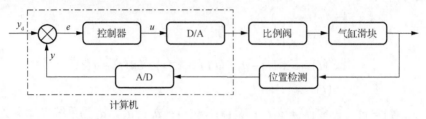

图 2.4　实现气动位置伺服系统闭环控制的计算机控制系统结构图

　　整个控制算法要通过计算机实现，因此采样时间的确定会对系统的控制精度产生影响。根据采样定理可知，采样频率只要大于信号最高频率的 2 倍即可。针对实际的气动系统，由于气动系统本身的频带较窄，采样时间很容易满足要求。理论上，在计算机运算能力允许的条件下，选择的采样时间越小，对控制越有利，综合考虑以上因素，本书所涉及实验的采样时间为 10ms。

　　程序的执行过程是通过定时器事件来完成程序所要执行的功能。在每个定时器事件到来时，运行定时中断处理程序：完成 A/D 采样、执行控制算法、完成 D/A 输出。A/D 和 D/A 的输出都是通过 I/O 板卡供应商提供的 API 函数实现。具体的 API 函数调用格式如下。

　　（1）设备初始化：

```
hDevice = PCI2306_CreateDevice（0）  '创建设备对象
```

　　（2）A/D 采样：

```
NumBack = PCI2306_ReadDevOneAD（hDevice, adchanneL）
```

其中，hDevice 为设备的操作句柄；adchanneL 为 A/D 转换的通道；NumBack 为返回的 A/D 采样值。

　　（3）D/A 输出：

```
PCI2306_WriteDeviceProDA hDevice, Uo, channeLN
```

其中，hDevice 为设备的操作句柄；channeLN 为输出通道；Uo 为输出数据。

　　在程序编制过程中，如果采用 VB 中提供的定时器事件来完成定时操作，则定时精度很低（1/18s），无法满足系统实时控制的要求。因此在算法的实际编制过程中，通过调用 Windows 系统硬件中断来实现精确定时。具体的实现方法是在变量和函数声明时采用 winmm.dll 库中的函数实现精确定时，具体程序如下：

```
Public Declare Function timeSetEvent Lib "winmm.dll" ( _
  ByVal uDelay As Long, ByVal uResolution As Long,
```

```
    ByVal lpFunction As Long, ByVal dwUser As Long,
    ByVal uFlags As Long) As Long
 Public Declare Function timeKillEvent Lib "winmm.dll" ( _
    ByVal uID As Long) As Long
 Public Const TIME_CALLBACK_FUNCTION = &H0
 Public Const TIME_PERIODIC = 1
```

引用 API 函数只需使用如下函数。

初始化：

```
    uID = timeSetEvent(10, 0, AddressOf CALLBACK_Timer, 0,
                   TIME_PERIODIC)
```

API 函数的引用（定时中断程序）：

```
 Public Function CALLBACK_Timer(uID As Long, uMsg As Long,
                   dwUser As Long, dw1 As Long, dw2 As Long)As Long
 ......
```

编制定时器程序（控制器程序在这里设计）：

```
 End Function
```

程序运行完成，关闭定时器时，调用如下子函数：

```
 timeKillEvent uID
```

API 函数需在每次编程中引用，具体的算法只需在 API 函数的中断程序中编制即可。此处算法主要实现对于输入数据的读取，根据程序计算控制器输出，将输出通过 D/A 送出。

参 考 文 献

[1] YIN Y, WANG J H. A nonlinear feedback tracking control for pneumatic cylinders and experiment study[C]. American Control Conference, St. Louis, USA, 2009: 3476-3481.

[2] BONE M, NING S. Experimental comparison of position tracking control algorithms for pneumatic cylinder actuators[J]. IEEE/ASME Transactions on Mechatronics, 2007, 12(5): 557-561.

[3] REN H P, HUANG C. Adaptive backstepping control of pneumatic servo system[C]. 2013 IEEE International Symposium on Industrial Electronics, Taipei, China, 2013: 1-6.

[4] YE H, CHEN M, WU Q X. Flight envelope protection control based on reference governor method in high angle of attack maneuver[J]. Mathematical Problems in Engineering, 2015, 254975: 1-15.

[5] RUBIO J J, GUTIERREZ G, PACHECO J, et al. Comparison of three proposed control to accelerate the growth of the crop[J]. International Journal of Innovative Computing Information and Control, 2011, 7(7): 4097-4114.

第 3 章　群体优化算法

3.1　优化算法概述

所谓优化就是给定一个优化目标，在满足约束条件下（如果有约束时），从决策变量论域中寻找优化目标的最优解。例如，给定优化目标为控制系统跟踪误差最小，决策变量为控制器参数，控制优化问题就是寻找控制器参数，使得优化目标——跟踪误差最小。优化算法包括传统优化算法和群体智能优化算法，传统优化算法包括精确求解算法（如动态规划、函数极值等）和启发式优化方法（如梯度下降等）；群体智能优化算法通常包括进化计算和群智能等两大类方法[1]，是一种典型的元启发式随机优化算法。进化计算方法强调种群的达尔文主义的进化模拟，包括遗传算法（genetic algorithm, GA）、进化规划、进化策略和遗传规划等，是一类主要受生物进化启发的基于种群的有向随机搜索算法，可随种群的发育或迭代的进行而逐渐获得问题的全局最优解；而群智能算法则注重对群体中个体之间的相互作用与分布式协同的模拟，包括粒子群优化（particle swarm optimization，PSO）算法、差分进化（differential evolution，DE）优化算法、蚁群优化（ant colony optimization，ACO）算法等，是一种由群体中无智能或具有简单智能的个体通过任何形式的相互作用与分布式协同而涌现出的全局集体智能行为，其中的个体遵循简单的自然规则，个体之间存在直接或者间接的通信，其相互作用存在一定的随机性。与传统基于导数信息的优化算法相比，合理设计的智能优化算法能够避免传统优化算法陷入局部极小的问题，但是智能优化算法一般需要较多的个体进化实现目标，因此计算量远大于传统优化算法。然而对于多目标多局部极值优化问题，智能优化算法应用较多，本书后续优化问题都采用智能优化算法解决，本章集中介绍本书中涉及的优化算法。

3.1.1　遗传算法

遗传算法是一种基于自然选择和基因遗传学原理的随机搜索优化算法。它将"适者生存"这一基本的达尔文进化原理引入串结构，并且在串之间进行有组织但又随机的信息交换。伴随着算法的运行，优良的品质被逐渐保留并加以组合，从而不断产生出更佳的个体。遗传算法的特点是计算简单且功能强，对于搜索空间基本上不需要限制性的假设（如连续、导数存在和单峰等）。

在遗传算法中首先要选择的运行参数主要包括编码方式、进化代数 G 、种群规模 M 、交叉概率 P_c 和变异概率 P_m 。遗传算法的操作流程图如图 3.1 所示。

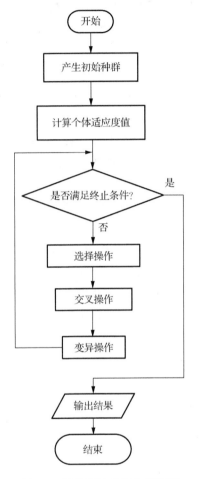

图 3.1　遗传算法的操作流程图

（1）参数编码。遗传算法常用二进制编码和实数编码[2]。二进制编码的优点是编/解码操作简单易行，利于交叉、变异操作的实现。但当二进制编码被用于多维、高精度数值问题优化时，不能很好地克服连续函数离散化时的映射误差，也不能直接反映问题的固有结构，精度不高，并且个体长度大、占用内存多。实数编码适合于遗传算法中表示范围较大的数，避免了编码和解码的过程，提高了遗传算法的精度要求[3]，因此对于复杂函数的优化问题一般采用实数编码。

（2）初始种群设定。在产生初始种群时，首先产生 0～1 均匀分布的随机数，然后按照式（3.1）产生设定参数优化范围内的初始个体：

$$x_{i,t}(j) = x^{\mathrm{low}}(j) + \gamma_{i,j} \cdot \left[x^{\mathrm{up}}(j) - x^{\mathrm{low}}(j)\right] \tag{3.1}$$

式中，$i = 1,2,\cdots,M$，其中 M 为种群规模；$j = 1,2,\cdots,d$，其中 d 为决策变量的维数；$t = 1,2,\cdots,t_{\max}$，其中 $t_{\max}$ 为最大迭代次数，初始化时 $t = 1$；$x_{i,t}$ 为第 t 代种群的第 i 个个体；$x_{i,t}(j)$ 为 $x_{i,t}$ 的第 j 个基因；$x_{i,t}(j)$（$t = 0$）为初始种群中第 i 个个体的第 j 个基因；$x^{\mathrm{up}}(j)$ 为第 j 个基因的上限；$x^{\mathrm{low}}(j)$ 为第 j 个基因的下限。

（3）适应度函数的计算。计算适应度函数值可以看成是遗传算法与优化问题的一个接口。遗传算法评价一个解的优劣，取决于相应的适应度函数值。然而目标函数可正可负，因此目标函数和适应度函数之间存在转化问题。适应度函数的选取标准是规范性（单值、连续、严格单调）、合理性（计算量小）和通用性[4]。

对于气动位置伺服系统的轨迹跟踪控制，控制器的目标函数应包含两个方面：一方面，系统过渡阶段响应尽可能快且超调小，其目标函数定义为 J_{v1}；另一方面，系统的稳态误差尽可能趋于 0，其目标函数定义为 J_{v2}：

$$J_{v1} = \cfrac{1}{\sqrt{\cfrac{1}{N_1}\sum_{k=0}^{N_1} e_k^{\,2}}} \tag{3.2}$$

$$J_{v2} = \cfrac{1}{\sqrt{\cfrac{1}{N_2 - N_1}\sum_{k=N_1}^{N_2} e_k^{\,2}}} \tag{3.3}$$

式中，N_1 为动态过渡阶段结束时刻；N_2 为采样结束时刻；e_k 为 k 时刻误差。

为了获取满意的动态和稳态特性，控制器应该使得目标函数 J_{v1} 和 J_{v2} 同时取得最小。气动位置伺服系统的跟踪控制需要分别跟踪正弦信号、S 曲线和多频正弦信号，对于三个参考输出，则有三组 J_{v1} 和 J_{v2} 值，即 6 个目标函数，这是一个典型的多目标优化问题。常规多目标优化问题的求解方法是利用多目标加权法将多目标优化问题转化为单目标优化处理，显然多目标加权法不可避免地存在权值选择问题，而权值选择又相当复杂，为了解决多目标优化问题，常采用 Pareto 秩的方法[5]。

首先给出 Pareto 秩的概念：解 x 依据其支配点的数量进行排序。对于具有 q 个子目标函数最小化的优化问题，如果同时满足下面两个条件，则解 x_1 支配另一个解 x_2。

x_1 至少有一个目标函数优于 x_2，即 $\exists d$，满足 $f_d(x_1) < f_d(x_2)$，其中 f_d 为第 d 个目标函数；

并不是对于所有的目标函数，x_1 都不比 x_2 差，即 $\forall d$，满足 $f_d(x_1) \leqslant f_d(x_2)$，其中 $d = 1, 2, \cdots, q$。

例如，假定在第 t 代种群中，有 $p(t)$ 个个体支配个体 x，则个体 x 在种群中的秩为

$$\text{rank}(x, t) = 1 + p(t) \tag{3.4}$$

如果不存在比 x 所有的子目标函数都优的解，则 x 是非支配解，也就意味着它是"最佳"的解。此外，在 Pareto 秩排序中存在一组非支配解，这些非支配解都是最好的解，且秩是"1"。

根据每个个体的三组 J_{v1} 和 J_{v2} 值，可以利用上述方法求得每代种群中 M 个个体的 Pareto 秩，并且按照 Pareto 秩进行排序。

个体的适应度与 Pareto 秩成反比。Pareto 秩越小，其适应度函数越大，个体被选择到后代的概率越大。选择如下基于 Pareto 秩的适应度函数：

$$f(x, t) = \frac{1}{e^{\text{rank}(x, t)}} \tag{3.5}$$

式中，$\text{rank}(x, t)$ 为第 t 代种群中个体 x 的 Pareto 秩。

依据式（3.4）和式（3.5）可以算得种群中所有个体的 Pareto 秩和适应度函数，种群中所有个体可根据其适应度函数来进行选择繁殖操作。

（4）遗传操作是遗传算法的核心环节，包括选择操作、交叉操作和变异操作[6]，具体如下。

选择操作：选择操作采用比例轮盘赌法，按与个体适应值成正比的方法确定个体的选择概率。设种群规模为 M，个体 $x_{i,t}$ 适应度函数为 $F_{i,t} = f(x_{i,t}, t)$，则个体 $x_{i,t}$ 被选择进入下一代种群的概率为

$$P_{i,t} = \frac{F_{i,t}}{\sum\limits_{i=1}^{M} F_{i,t}} \tag{3.6}$$

交叉操作：交叉操作采用启发式交叉，具体操作为

$$x_{i,t+1}(j) = x_{r_1,t}(j) + \gamma_{i,t}^{c} \cdot \left[x_{r_2,t}(j) - x_{r_1,t}(j) \right] \tag{3.7}$$

式中，$x_{r_1,t}$ 为通过轮盘赌选择策略从第 t 代种群中选择的个体；$x_{r_2,t}$ 为通过随机方法从第 t 代种群中选择的个体；$x_{r_1,t}(j)$ 和 $x_{r_2,t}(j)$ 分别为 $x_{r_1,t}$ 和 $x_{r_2,t}$ 的第 j 个基因；$x_{i,t+1}$ 为交叉操作产生的第 $t+1$ 代种群中个体；$x_{i,t+1}(j)$ 为 $x_{i,t+1}$ 的第 j 个基因；$\gamma_{i,t}^{c}$ 为 0～1 均匀分布的随机数。

变异操作：变异操作采用均匀变异，具体操作如下式：

$$x_{i,t}(j) = x^{\text{low}}(j) + \gamma_{i,t}^{\text{m}}(j) \cdot \left[x^{\text{up}}(j) - x^{\text{low}}(j) \right] \tag{3.8}$$

式（3.8）表示第 t 代种群中第 i 个个体的第 j 个基因发生突变，突变后的基因为 $x_{i,t}(j)$，$\gamma_{i,t}^{\text{m}}(j)$ 为 $0\sim1$ 均匀分布的随机数。

3.1.2　粒子群优化算法

粒子群优化算法[1]的基本思想是模拟鸟类的捕食行为，它是一种实现简单、全局搜索能力强且性能优越的启发式搜索技术。为了确定搜索与优化方向，该方法中的 n 个粒子既能利用各自积累的个体历史经验，又能有效地利用粒子群的全局社会知识。

设每个优化问题的解都是搜索空间中的一只鸟，把鸟视为空间中的一个没有质量和体积的理想化"质点"，称其为"微粒"或"粒子"。每个粒子都有一个由被优化函数所决定的适应值，还有一个速度决定它们的飞行方向。然后，粒子们以追随当前的最优粒子为目的，在解空间中搜索最优解[7]。粒子群优化算法的操作流程图如图 3.2 所示。

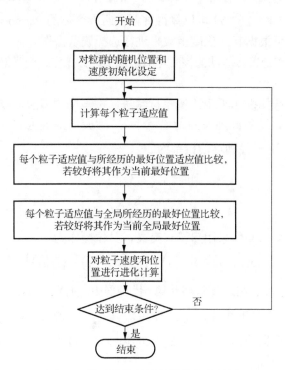

图 3.2　粒子群优化算法的操作流程图

（1）编码方式：粒子群优化算法与遗传算法一致，都采用实数编码的方式。

（2）粒子和种群：与遗传算法中的染色体类似，粒子群优化算法中采用粒子作为其基本组成单位。所有的粒子在解空间中进行更新优化，不断搜索问题的最优解。问题的候选解用每个粒子在空间所处的位置来表示，表示问题候选解的一个粒子群体成为一个种群。

（3）个体极值：个体极值是指种群内单个个体从初始种群开始到当前迭代为止搜索到的最优位置，是该粒子目前经过的最优位置（目标函数最优解），记作pbest。

（4）全局极值：全局极值是指从初始种群开始迭代搜索至当前种群所有粒子中适应度最优的位置，该位置是整个种群所有粒子目前找到的最优位置（目标函数最优解），记作gbest。

（5）速度和位置：速度和位置是粒子的基本特征。粒子在多维解空间中飞行，它的飞行位置因速度的变化而变化。速度是由自身飞行经验和同伴飞行经验决定的：

$$\begin{cases} v_{i,j,t+1} = wv_{i,j,t} + c_1\gamma^1_{i,j,t}\left(\text{pbest}_{i,t} - v_{i,j,t}\right) + c_2\gamma^2_{i,j,t}\left(\text{gbest}_t - v_{i,j,t}\right) \\ x_{i,j,t+1} = x_{i,j,t} + v_{i,j,t+1} \end{cases} \tag{3.9}$$

式中，$i = 1,2,\cdots,M$，其中，M 为种群规模；$j = 1,2,\cdots,d$，其中，d 为问题的维数；$t = 1,2,\cdots,t_{\max}$，其中，$t_{\max}$ 为最大迭代次数；$x_{i,j,t}$ 和 $x_{i,j,t+1}$ 分别为第 i 个粒子第 j 个分量在第 t 代和第 $t+1$ 代时的位置；$v_{i,j,t}$ 和 $v_{i,j,t+1}$ 分别为第 i 个粒子第 j 个分量在 t 代和 $t+1$ 代的速度；$\text{pbest}_{i,t}$ 为第 i 个粒子截至第 t 代搜索到的个体最佳位置；gbest_t 为种群中所有粒子目前代搜索到的全局最佳位置；c_1 和 c_2 均是数值为正的学习因子；$\gamma^1_{i,j,t}$ 和 $\gamma^2_{i,j,t}$ 均为 0～1 均匀分布的随机数；w 为速度惯性权重。惯性权重较大时，有利于跳出局部极小点，进行全局搜索；而惯性权值较小时，便于对当前的局部区域进行精确搜索，利于算法收敛。

因此，可以使惯性权重随迭代次数变化，w 可设置为

$$w = w_{\max} - \frac{\left(w_{\max} - w_{\min}\right)}{t_{\max}} \tag{3.10}$$

式中，$w_{\max}$ 和 $w_{\min}$ 分别为惯性权重的最大值和最小值。

3.1.3　差分进化优化算法

差分进化（differential evolution, DE）优化算法与粒子群优化算法一样，都是基于群体智能理论的优化算法，通过群体内个体间的合作与竞争产生群体智能指导优化搜索。差分进化优化算法保留了基于种群的全局搜索策略，采用实数编码、

基于差分的简单变异操作和一对一的竞争生存策略，降低了遗传操作的复杂性。同时，差分进化优化算法特有的记忆能力使其可以动态跟踪当前的搜索情况，以调整搜索策略，具有较强的全局收敛能力和鲁棒性，且不需要借助问题的特征信息，适用于求解一些利用常规的数学规划方法所无法求解的复杂环境中的优化问题[8]。

差分进化优化算法是一种基于种群的算法，基本原理是通过使用简单的数学公式对种群中的个体进行组合，如果新的个体比上一代个体优秀，则接受其进入下一代种群，否则淘汰这一个体，重复这一过程直到找到满意的种群规模[9]。差分进化优化算法流程图如图 3.3 所示。具体步骤如下。

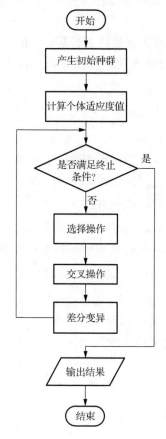

图 3.3　差分进化优化算法流程图

（1）编码方式：采用实数编码。

（2）差分变异：在差分进化优化算法中，通过差分变异实现个体差异，这是差分进化优化算法不同于遗传算法的重要标志。常见的差分变异策略是在种群中

随机选择两个不同的个体，将这两个个体的差缩放后，与待变异的个体相加得到变异向量。差分变异方程可描述为

$$v_{i,j,t} = x_{r_1,j,t} + Z \cdot \left(x_{r_2,j,t} - x_{r_3,j,t} \right) \tag{3.11}$$

式中，$i=1,2,\cdots,M$，其中，M 为种群规模；$j=1,2,\cdots,d$，其中，d 为决策变量的维数；$t=1,2,\cdots,t_{\max}$，其中，$t_{\max}$ 为最大迭代次数；$v_{i,j,t}$ 为变异个体的第 j 个元素；$r_1 \neq r_2 \neq r_3 \neq i$ 为互不相等的整数；Z 为缩放因子。

（3）交叉操作：差分进化优化算法的交叉操作生成实验向量，常用的有两种交叉方式，分别是二项式交叉和指数交叉，本章使用二项式交叉操作，该操作的方程为

$$u_{i,j,t} = \begin{cases} v_{i,j,t}, \mathrm{rand}(0,1) \leqslant \mathrm{CR} \text{ 或 } j = j_{\mathrm{rand}} \\ x_{i,j,t}, \text{其他} \end{cases} \tag{3.12}$$

式中，$\mathrm{CR} \in [0,1]$ 为交叉概率；$u_{i,j,t}$ 为交叉个体的第 j 个分量；j_{rand} 为 $[1,2,\cdots,d]$ 的随机整数。

（4）选择操作：差分进化优化算法采用基于贪婪算法（即在对问题求解时总是做出在当前看来最好的选择）的选择策略来决定进入下一代种群的个体。根据目标向量 $x_{i,t}$ 和实验向量 $u_{i,t}$ 的适应度 $f(\cdot)$ 来选择最优个体，选择操作的方程为

$$x_{i,t+1} = \begin{cases} u_{i,t}, f(u_{i,t}) < f(x_{i,t}) \\ x_{i,t}, \text{其他} \end{cases} \tag{3.13}$$

3.2　实　验　程　序

实验程序包括：Pareto 秩的相关程序、各优化算法变量的定义及初始化、遗传算法程序、粒子群优化算法程序、差分进化优化算法程序。

1）例程 3-1 Pareto 秩的相关程序

```
1    '======Pareto 秩的相关程序=====
2    '变量定义
3    Public Theta(1 To 20, 1 To 50, 1 To 6) As Double   '参数
4    Public Err(1 To 20, 1 To 50, 1 To 7) As Double      '均方差
5    Public tempTheta(1 To 100, 1 To 6) As Double         '参数
6    Public tempErr(1 To 100, 1 To 7) As Double           '均方差
7    Public ErrRank(1 To 100) As Integer     '均方差 Pareto 秩
8    Public IP As Integer                    'Pareto 非劣解个数
9    Public paretoTheta(1 To 100, 1 To 6) As Double 'Pareto 参数集
10   Public paretoErr(1 To 100, 1 To 7) As Double   'Pareto 均方差集
11   Public lowBOUND(1 To 6) As Double              '参数变化下界
```

```
12    Public upBOUND(1 To 6) As Double              '参数变化上界
13    Public Sub rank(a() As Double) '计算 Pareto 秩
14    Dim L As Integer
15    Dim J As Integer
16    Dim temp As Integer
17    For L = 1 To M      'M 为种群规模
18    temp = 0
19    For J = 1 To M
20    If a(J, 1) <= a(L, 1) Then
21    If a(J, 2) <= a(L, 2) Then
22    If a(J, 3) <= a(L, 3) Then
23    If a(J, 4) <= a(L, 4) Then
24    If a(J, 5) <= a(L, 5) Then
25    If a(J, 6) <= a(L, 6) Then
26    temp = temp + 1
27    End If
28    End If
29    End If
30    End If
31    End If
32    End If
33    Next J
34    PopuRank(L) = temp
35    Next L
36    End Sub
37    Public Sub errED(a() As Double, b() As Double, c() As Integer)
38    '获得 Pareto 最优解，计算欧氏距离
39    Dim I20 As Integer
40    Dim I30 As Integer
41    Dim I40 As Integer
42    Dim temp As Integer
43    Dim tempMin(1 To 6) As Double
44    Dim tempED As Double
45    Dim tempEDMin As Double
46    temp = c(1)  '找到最小的 Pareto 秩
47    For I50 = 1 To M
48    If temp > c(I50) Then
49    temp = c(I50)
50    End If
51    Next I50
52    IP = 0      '找出 Pareto 最优解，记录其个数
53    For I20 = 1 To M
54    If c(I20) = temp Then
55    IP = IP + 1
56    For I30 = 1 To Nd   'Nd 为目标函数个数
57    paretoTheta(IP, I30) = a(I20, I30)    'Pareto 参数集
```

```
58    Next I30
59    For I40 = 1 To (Nb + 1)
60    paretoErr(IP, I40) = b(I20, I40)    'Pareto 均方差集
61    Next I40
62    End If
63    Next I20
64    For I40 = 1 To Nb '找到每个目标函数的最优解
65    tempMin(I40) = paretoErr(1, I40)
66    Next I40
67    For I20 = 2 To IP
68    For I40 = 1 To Nb
69    If tempMin(I40) >= paretoErr(I20, I40) Then
70    tempMin(I40) = paretoErr(I20, I40)
71    End If
72    Next I40
73    Next I20
74    For I20 = 1 To M '计算误差欧氏距离
75    tempED = 0
76    For I40 = 1 To Nb
77    tempED = tempED + (b(I20, I40) - tempMin(I40)) * (b(I20, I40)
      - tempMin(I40))
78    Next I40
79    ED(I20) = Sqr(tempED)
80    Next I20
81    tempEDMin = ED(1)
82    Index_gbest = 1
83    For I20 = 2 To M
84    If tempEDMin >= ED(I20) Then
85    tempEDMin = ED(I20)
86    Index_gbest = I20
87    End If
88    Next I20
89    For I20 = 1 To M '选择欧氏距离最小值
90    tempEDMin(I20) = tempED(1, I20)
91    Index_pbest(I20) = 1
92    For I10 = 2 To IP(I20)
93    If tempEDMin(I20) >= tempED(I10, I20) Then
94    tempEDMin(I20) = tempED(I10, I20) '可以去掉
95    Index_pbest(I20) = I10
96    End If
97    Next I10
98    Next I20
99    End Sub
```

2）例程 3-2 各优化算法变量的定义及初始化

```
1    ' ======各优化算法变量的定义=====
2    Dim I10 As Integer ' 遗传代数
3    Dim I20 As Integer ' 种群个数
4    Dim I30 As Integer ' 参数个数
5    Dim I40 As Integer
6    Dim L As Integer
7    Dim J As Integer
8    Dim K As Integer
9    Dim temp(1 To 7) As Double
10   Dim tempc As Double
11   Theta(I10, I20, I30) = lowBOUND(I30) + Rnd * (upBOUND(I30) -
12   lowBOUND(I30)) 'Theta 矩阵用于存放各参数数据, Rnd 为随机数
13   Function getda() '将存放于 Theta 矩阵中的参数取出来
14   b = Theta(I1, I2, 1)
15   beta1 = Theta(I1, I2, 2)
16   beta2 = Theta(I1, I2, 3)
17   beta01 = Theta(I1, I2, 4)
18   beta02 = Theta(I1, I2, 5)
19   beta03 = Theta(I1, I2, 6)
20   End Function
21   ' ======遗传算法=====
22   ' ======粒子群优化算法=====
23   V(I20, I30) = lowV(I30) + Rnd * (upV(I30) - lowV(I30)) '初始
     化粒子个体变化速度初值
24   lastV(I20, I30) = V(I20, I30)
```

3）例程 3-3 遗传算法程序

```
1    Function initiate4() '生成初始种群
2    '参数变化范围
3    lowBOUND(1) = 4        'b 的下界
4    upBOUND(1) = 40        'b 的上界
5    lowBOUND(2) = 2       'beta1 的下界
6    upBOUND(2) = 200       'beta1 的上界
7    lowBOUND(3) = 4       'beta2 的下界
8    upBOUND(3) = 12        'beta2 的上界
9    lowBOUND(4) = 50      'beta01 的下界
10   upBOUND(4) = 250      'beta01 的上界
11   lowBOUND(5) = 2000    'beta02 的下界
12   upBOUND(5) = 12000    'beta02 的上界
13   lowBOUND(6) = 10000    'beta03 的下界
14   upBOUND(6) = 80000    'beta03 的上界
15   Dim I10 As Integer
16   Dim I20 As Integer
17   Dim I30 As Integer
```

```
18    NG = 1
19    Open "D:\ADRC\daNG.txt" For Output As #1 '保存当前遗传代数
20    Write #1, NG
21    Close #1
22    I10 = 1
23    For I20 = 1 To M        'M 为种群规模
24    For I30 = 1 To Nd       'Nd 为参数个数
25    Randomize
26    ' Theta 的定义程序
27    Next I30
28    Next I20
29    Open "D:\ADRC\daThetak.txt" For Output As #2 '将数据保存至文本
30    For I20 = 1 To M
31    For I30 = 1 To Nd
32    Write #2, Theta(I10, I20, I30)
33    Next I30
34    Next I20
35    Close #2
36    End Function
37    Function readdaNG() '读取进化代数
38    Open "D:\ADRC\daNG.txt" For Input As #3 '读取当前遗传代数
39    Input #3, NG
40    Close #3
41    lastNG = NG
42    End Function
43    Function readda() '读取数据
44    Open "D:\ADRC\daNG.txt" For Input As #4 '读取当前遗传代数
45    Input #4, NG
46    Close #4
47    Open "D:\ADRC\daThetak.txt" For Input As #5 '参数 Theta
48    For I10 = 1 To NG
49    For I20 = 1 To M
50    For I30 = 1 To Nd
51    Input #5, Theta(I10, I20, I30)
52    Next I30
53    Next I20
54    Next I10
55    Close #5
56    End Function
57    Function saveda() '保存数据
58    Open "D:\ADRC\daNG.txt" For Output As #8 '保存当前遗传代数
59    Write #8, NG
60    Close #8
61    Open "D:\ADRC\daThetak.txt" For Output As #9 '保存参数 Theta
62    For I10 = 1 To NG      '当前遗传代数
63    For I20 = 1 To M       '种群个数
```

```
64    For I30 = 1 To Nd        '参数个数
65    Write #9, Theta(I10, I20, I30)
66    Next I30
67    Next I20
68    Next I10
69    Close #9
70    Open "D:\ADRC\daErrk.txt" For Output As #10 '保存目标函数值 Err
71    For I10 = 1 To (NG - 1)
72    For I20 = 1 To M
73    For I40 = 1 To (Nb + 1)    '目标参数个数 Nb
74    Write #10, Err(I10, I20, I40)
75    Next I40
76    Next I20
77    Next I10
78    Close #10
79    End Function
```

4）例程 3-4 粒子群优化算法程序

```
1     Function initiate4() '参数初始化
2     '参数变化范围
3     lowBOUND(1) = 4      'b 的下界
4     upBOUND(1) = 40      'b 的上界
5     lowBOUND(2) = 2      'beta1 的下界
6     upBOUND(2) = 200     'beta1 的上界
7     lowBOUND(3) = 4      'beta2 的下界
8     upBOUND(3) = 12      'beta2 的上界
9     lowBOUND(4) = 50     'beta01 的下界
10    upBOUND(4) = 250     'beta01 的上界
11    lowBOUND(5) = 2000   'beta02 的下界
12    upBOUND(5) = 12000   'beta02 的上界
13    lowBOUND(6) = 10000  'beta03 的下界
14    upBOUND(6) = 80000   'beta03 的上界
15    '参数变化速度范围+/-Vmax=0.2*搜索范围
16    upV(1) = 4
17    lowV(1) = -4
18    upV(2) = 20
19    lowV(2) = -20
20    upV(3) = 1
21    lowV(3) = -1
22    upV(4) = 40
23    lowV(4) = -40
24    upV(5) = 1000
25    lowV(5) = -1000
26    upV(6) = 5000
27    lowV(6) = -5000
```

```
28    NG = 1 '初始种群(第一代)
29    I10 = NG
30    For I20 = 1 To M
31    For I30 = 1 To Nd
32    Randomize
33    '初始化 Theta 参数程序
34    '初始化粒子个体变化速度程序
35    lastV(I20, I30) = V(I20, I30)
36    Next I30
37    Next I20
38    Open "D:\ADRC\daNG.txt" For Output As #1 '保存当前遗传代数
39    Write #1, NG
40    Close #1
41    Open "D:\ADRC\daThetak.txt" For Output As #2 '保存粒子群
42    For I20 = 1 To M
43    For I30 = 1 To Nd
44    Write #2, Theta(I10, I20, I30)
45    Next I30
46    Next I20
47    Close #2
48    End Function
49    Function readda1() '读取数据
50    Open "D:\ADRC\daNG.txt" For Input As #3 '读取当前遗传代数
51    Input #3, NG
52    Close #3
53    lastNG = NG
54    End Function
55    Function readda() '读取数据
56    Open "D:\ADRC\daNG.txt" For Input As #3 '读取当前遗传代数
57    Input #3, NG
58    Close #3
59    If NG = 1 Then
60    Open "D:\ADRC\daThetak.txt" For Input As #4 '读取粒子群
61    For I20 = 1 To M
62    For I30 = 1 To Nd
63    Input #4, Theta(NG, I20, I30)
64    Next I30
65    Next I20
66    Close #4
67    Else
68    Open "D:\ADRC\daThetak.txt" For Input As #5 '读取粒子群
69    For I10 = 1 To NG
70    For I20 = 1 To M
71    For I30 = 1 To Nd
72    Input #5, Theta(I10, I20, I30)
73    Next I30
```

```
74    Next I20
75    Next I10
76    Close #5
77    Open "D:\ADRC\daErrk.txt" For Input As #6 '读取粒子群目标函数值
78    For I10 = 1 To (NG - 1)
79    For I20 = 1 To M
80    For I40 = 1 To (Nb + 1)
81    Input #6, Err(I10, I20, I40)
82    Next I40
83    Next I20
84    Next I10
85    Close #6
86    Open "D:\ADRC\dapbestk.txt" For Input As #7 '读取个体最优解
87    For I20 = 1 To M
88    For I30 = 1 To Nd
89    Input #7, pbest(I20, I30)
90    Next I30
91    Next I20
92    Close #7
93    Open "D:\ADRC\daErr_pbestk.txt" For Input As #8 '读取个体最优
      解对应的误差
94    For I20 = 1 To M
95    For I40 = 1 To (Nb + 1)
96    Input #8, Err_pbest(I20, I40)
97    Next I40
98    Next I20
99    Close #8
100   End If
101   End Function
```

5) 例程 3-5 差分进化优化算法程序

```
1     Function initiate4() '参数初始化
2     '参数变化范围
3     lowBOUND(1) = 4       'b 的下界
4     upBOUND(1) = 40       'b 的上界
5     lowBOUND(2) = 2       'beta1 的下界
6     upBOUND(2) = 200      'beta1 的上界
7     lowBOUND(3) = 4       'beta2 的下界
8     upBOUND(3) = 12       'beta2 的上界
9     lowBOUND(4) = 50      'beta01 的下界
10    upBOUND(4) = 250      'beta01 的上界
11    lowBOUND(5) = 2000    'beta02 的下界
12    upBOUND(5) = 12000    'beta02 的上界
13    lowBOUND(6) = 10000   'beta03 的下界
14    upBOUND(6) = 80000    'beta03 的上界
```

```
15    NG = 1 '当前进化代数 NG
16    Open "D:\ADRC\daNG.txt" For Output As #1 '保存当前遗传代数 NG
17    Write #1, NG
18    Close #1
19    I10 = 1 '初始种群
20    For I20 = 1 To M
21    For I30 = 1 To Nd
22    Randomize
23    '初始化参数程序
24    Next I30
25    Next I20
26    Open "D:\ADRC\daThetak.txt" For Output As #2 '保存参数 Theta
27    For I20 = 1 To M
28    For I30 = 1 To Nd
29    Write #2, Theta(I10, I20, I30)
30    Next I30
31    Next I20
32    Close #2
33    End Function
34    Function readdaNG() '读取进化代数
35    Open "D:\ADRC\daNG.txt" For Input As #3 '读取当前遗传代数
36    Input #3, NG
37    Close #3
38    lastNG = NG
39    End Function
40    Function readda() '读取数据
41    Open "D:\ADRC\daNG.txt" For Input As #4 '读取当前遗传代数
42    Input #4, NG
43    Close #4
44    If NG = 1 Then
45    Open "D:\ADRC\daThetak.txt" For Input As #5 '读取参数 Theta
46    For I20 = 1 To M
47    For I30 = 1 To Nd
48    Input #5, Theta(1, I20, I30)
49    Next I30
50    Next I20
51    Close #5
52    Else
53    Open "D:\ADRC\daThetak.txt" For Input As #6 '参数 Theta
54    For I10 = 1 To (NG - 1)
55    For I20 = 1 To M
56    For I30 = 1 To Nd
57    Input #6, Theta(I10, I20, I30)
58    Next I30
59    Next I20
60    Next I10
```

```
61   Close #6
62   Open "D:\ADRC\daErrk.txt" For Input As #7 '读取目标函数值 Err
63   For I10 = 1 To (NG - 1)
64   For I20 = 1 To M
65   For I40 = 1 To (Nb + 1)
66   Input #7, Err(I10, I20, I40)
67   Next I40
68   Next I20
69   Next I10
70   Close #7
71   End If
72   End Function
73   Function saveda() '保存数据
74   Open "D:\ADRC\daNG.txt" For Output As #8 '保存当前遗传代数
75   Write #8, NG
76   Close #8
77   Open "D:\ADRC\daThetak.txt" For Output As #9 '保存参数 Theta
78   For I10 = 1 To (NG - 1)
79   For I20 = 1 To M
80   For I30 = 1 To Nd
81   Write #9, Theta(I10, I20, I30)
82   Next I30
83   Next I20
84   Next I10
85   Close #9
86   Open "D:\ADRC\daErrk.txt" For Output As #10 '保存目标函数值 Err
87   For I10 = 1 To (NG - 1)
88   For I20 = 1 To M
89   For I40 = 1 To (Nb + 1)
90   Write #10, Err(I10, I20, I40)
91   Next I40
92   Next I20
93   Next I10
94   Close #10
95   End Function
96   '取出存放于 Theta 矩阵中的参数程序
97   Public Sub sort(a() As Double, b() As Double, c() As Double)
     '从小到大排列
98   For L = 1 To (2 * M)
99   K = L
100  For J = L + 1 To (2 * M)
101  If c(J) < c(K) Then
102  K = J
103  End If
104  Next J
105  For I30 = 1 To Nd
```

```
106  temp(I30) = a(L, I30)
107  a(L, I30) = a(K, I30)
108  a(K, I30) = temp(I30)
109  Next I30
110  For I40 = 1 To (Nb + 1)
111  temp(I40) = b(L, I40)
112  b(L, I40) = b(K, I40)
113  b(K, I40) = temp(I40)
114  Next I40
115  tempc = c(L)
116  c(L) = c(K)
117  c(K) = tempc
118  Next L
119  End Sub
```

参 考 文 献

[1] 王凌. 智能优化算法及其应用[M]. 北京: 清华大学出版社, 2001.

[2] 武广号, 文毅, 乐美峰. 遗传优化算法及其应用[J]. 应用力学学报, 2000, 23(6): 9-10.

[3] 朱灿, 梁昔明. 一种多精英保存策略的遗传优化算法[J]. 计算机应用, 2008, 28(4): 939-941.

[4] 雷英杰, 张善文, 李续武,等. MATLAB 遗传优化算法工具箱及应用[M]. 西安: 西安电子科技大学出版社, 2005.

[5] REN H P, HUANG X N, HAO J X. Finding robust adaptation gene regulatory networks using multi-objective genetic algorithm[J]. IEEE/ACM Transactions on Computational Biology & Bioinformatics, 2016, 13(3): 571-577.

[6] PANDIAN S R, HAYAKAWA Y, KANAZAWA Y, et al. Practical design of sliding mode controller for pneumatic actuator[J]. Journal of Dynamic Systems Measurement and Control, 1997, 119(3): 666-674.

[7] 李爱国, 覃征, 鲍复民,等. 粒子群优化算法[J]. 计算机工程与应用, 2002, 38(21): 1-3.

[8] 刘波, 王凌, 金以慧. 差分进化优化算法研究进展[J]. 控制与决策, 2007, 22(7): 721-729.

[9] 孟红云, 张小华, 刘三阳. 用于约束多目标优化问题的双群体差分进化优化算法[J]. 计算机学报, 2008, 31(2): 228-235.

第 4 章 气动位置伺服系统的 PID 优化控制

PID 控制由于具有结构简单、工程技术人员较熟悉等特点，目前是工业过程控制中应用最广泛、最常见、最成熟的一种控制方法，也是最早被应用到气动位置伺服系统中的控制方法。

4.1 PID 控制器

传统的 PID 控制器是一种线性控制器，由比例项、积分项和微分项组成，其原理如图 4.1 所示。PID 控制将给定的参考信号与所测的实际输出数据进行比较，两者的差值作为控制器的输入，通过误差的比例、积分、微分作用进行相应组合，得到控制输出，合理选择系数，最终使系统跟踪误差趋于零。

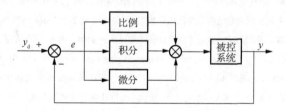

图 4.1 传统的 PID 控制器原理图

本章采用的 PID 控制器形式为

$$u(t) = K_{\mathrm{p}}e(t) + K_{\mathrm{i}}\int_0^t e(t)\mathrm{d}t + K_{\mathrm{d}}\frac{\mathrm{d}e(t)}{\mathrm{d}t} \tag{4.1}$$

式中，K_{p}、K_{i}、K_{d} 分别为比例、积分、微分系数；系统误差信号 $e(t) = y_{\mathrm{d}}(t) - y(t)$ 为控制器的输入信号，$y_{\mathrm{d}}(t)$ 为控制系统的期望位置，$y(t)$ 为控制系统的实际位置。

在计算机控制系统中使用的 PID 控制器是离散的数字 PID 控制器。因为计算机控制是一种采样控制，根据采样时刻的偏差值来计算控制量，积分项和微分项不能直接使用，所以首先需要进行离散化处理。对于积分项，使用矩形法数值积分近似替代；对于微分项，采用一阶后向差分近似替代。其离散形式为

$$u(k) = K_{\mathrm{p}}e(k) + \frac{\Delta t}{T_{\mathrm{i}}}\sum_{j=0}^k e(j) + T_{\mathrm{d}}\frac{e(k) - e(k-1)}{\Delta t} \tag{4.2}$$

式中，Δt 为采样周期；k 为第 k 次采样；$e(k)$ 为第 k 次采样时的偏差值；$e(k-1)$ 为第 $k-1$ 次采样时的偏差值；$u(k)$ 为第 k 次采样时的控制器输出值。

　　PID 控制中通过对误差的当前值（比例），误差的过去累计变化——累加值（积分）和误差的变化趋势（微分）进行合理的加权，产生控制量进行对象的控制。其具有深刻的哲学思想，即判断事物（误差）过去发展，结合当前情况和未来趋势进行综合来调整（控制）系统现在的输入，如何合理选择系数可以得到非常好的控制效果——小的调节时间、小超调和高跟踪精度。但是 PID 控制也存在自身的问题：①一方面，对过去、现在和未来如何进行加权才能够保证好的控制效果，即对三个系数的确定很难得到均衡和最优的结果。传统 PID 参数整定方法只能根据经验，在保证稳定的条件下取得比较好的效果，但无法达到某种意义下最优。另一方面，系统响应的动态过程和稳态对于控制量的要求通常不同。例如，动态过程希望系统尽快达到输出要求，就要求控制量尽可能大，而接近稳态时又希望系统平稳，这时控制量不能太大，否则会产生超调；稳态时希望积分的作用更加强烈以便消除稳态误差，因此固定参数 PID 控制难以均衡这些因素取得更加优化的效果。②PID 参数传统的整定方法只能针对特定的对象参数和工作点得到比较好的控制效果，当系统的输入或参数大范围变化时，按照某一个工作点设计的单一 PID 参数组通常无法获得很好的效果。此时，工程应用上采用的补救方法是设置一个 PID 参数表，对于不同工作点采用不同的 PID 参数组，如某些工业变频器中使用的变频器就采用这样的方法改善控制性能以满足产品设计指标要求。由于上述这些原因，当 PID 用于（时变）非线性系统时，控制效果会变差。

4.2　分数阶 PID 控制

　　传统的 PID 控制器使用的微分、积分都是整数阶，随着分数阶微积分理论的发展，人们将传统的整数阶 PID 控制器扩展成为分数阶 PID 控制器。分数阶 PID 控制器是传统整数阶 PID 控制器概念的推广，无论积分还是微分的阶次都不一定是整数。Podlubny[1]提出了分数阶 PID 控制器，并证明了其用于控制分数阶系统比整数阶 PID 控制器具有更好的性能。传统整数阶积分和微分都是一阶固定，而分数阶 PID 控制器则可以改变积分和微分的阶次（分数阶），引入了两个额外的参数，因此比整数阶 PID 控制器具有更多的自由度，控制更具灵活性，一般意义下可以获得比传统整数阶 PID 控制器更好的动态性能。此外，采用分数阶 PID 控制器时整个闭环系统的性能受系统参数变化影响较小，可见分数阶 PID 控制器具有较强的鲁棒性[2]。目前分数阶 PID 控制器已经被成功应用于温度控制系统、液位控制系统等工程控制系统。

4.2.1　分数阶微积分的定义

分数阶微积分是整数阶微积分理论的推广，从直观上理解，分数阶微积分是指积分和微分的阶次可以是任意实数甚至是复数。为了表达及书写上的方便，定义分数阶微积分操作算子 $_{t_0}D_t^\lambda$，把分数阶微分和积分统一起来表示，其形式如下[3]：

$$_{t_0}D_t^\lambda \triangleq \begin{cases} \dfrac{\mathrm{d}^\lambda}{\mathrm{d}t^\lambda}, & \mathrm{Re}(\lambda) > 0 \\ 1, & \mathrm{Re}(\lambda) = 0 \\ \displaystyle\int_{t_0}^t (\mathrm{d}\tau)^{-\lambda}, & \mathrm{Re}(\lambda) < 0 \end{cases} \tag{4.3}$$

式中，t_0 和 t 分别为分数阶微积分算子定义中的下限和上限；λ 为算子的阶次；$\mathrm{Re}(\lambda)$ 为 λ 的实部，λ 可以为任意复数。分数阶微积分有不同的定义方法，本书中采用 Grünwald-Letnikov（G-L）定义分数阶微积分。

对于函数 $f(t)$ 的 G-L 分数阶微积分 $_{t_0}D_t^\lambda f(t)$ 定义为[4]

$$_{t_0}D_t^\lambda f(t) = \lim_{h \to 0} h^{-\lambda} \sum_{j=0}^{\left[\frac{t-t_0}{h}\right]} (-1)^j \binom{\lambda}{j} f(t - jh) \tag{4.4}$$

式中，[·] 为取整运算；λ 为任意阶；h 为计算步长；二项式系数 $\binom{\lambda}{j}$ 定义为

$$\binom{\lambda}{j} = \frac{\lambda(\lambda-1)(\lambda-2)\cdots(\lambda-j+1)}{j!} \tag{4.5}$$

式（4.4）将分数阶积分和微分统一定义，$\lambda < 0$ 时，表示为分数阶积分；$\lambda > 0$ 时，表示为分数阶微分。

从分数阶微积分的定义可以看出，难以从以上定义中计算出给定一个函数与积分上下限时的分数阶微积分的值。考虑到分数阶微积分的复杂性，采用 G-L 分数阶微积分定义近似计算法来进行数值逼近。分数阶算子的数字化实现可以使用以下近似式完成：

$$_{t_0}D_t^\lambda f(t) \approx \frac{1}{h^\lambda} \sum_{j=0}^n q_{\lambda,j} f(t - jh) \tag{4.6}$$

式中，$n = \left[\dfrac{t-t_0}{h}\right]$；$q_{\lambda,0} = 1$；$q_{\lambda,j} = \left(1 - \dfrac{1+\lambda}{j}\right) q_{\lambda,j-1}$，$q_{\lambda,j-1}$ 为 $q_{\lambda,j}$ 前一次的值。

当 t 不断增大时，n 不断增大，计算量也越大。因此在误差允许范围内，可以指定记忆长度，忽略较早数据点，得到

$$_{t_0}D_t^\lambda f(t) \approx {}_{t-L}D_t^\lambda f(t) \approx \frac{1}{h^\lambda}\sum_{j=0}^n q_{\lambda,j} f(t-jh) \tag{4.7}$$

式中，L 为记忆长度；$n = \left[\dfrac{L}{h}\right]$，本书若无特别声明选取 $n=20$。

4.2.2　分数阶 PID 控制器设计

分数阶 PID 控制器是将传统整数阶 PID 控制器推广到分数阶领域，不但适合于分数阶系统的控制，而且也适合于整数阶系统的控制。其一般形式为 $\mathrm{PI}^\lambda\mathrm{D}^\mu$ 控制器，包括一个积分阶次 $\lambda>0$ 和微分阶次 $\mu>0$，其中 λ 和 μ 可以为大于 0 的任意实数。

分数阶 PID 控制器形式为[5]

$$u(t) = K_{\mathrm{pf}}e(t) + K_{\mathrm{if}}\,{}_{t_0}D_t^{-\lambda}e(t) + K_{\mathrm{df}}\,{}_{t_0}D_t^\mu e(t) \tag{4.8}$$

式中，K_{pf}、K_{if}、K_{df} 分别为比例增益、分数积分增益、分数微分增益。

显然，传统的整数阶 PID 控制器是 $\mathrm{PI}^\lambda\mathrm{D}^\mu$ 控制器在 $\lambda=1$ 和 $\mu=1$ 时的特殊情况。

分数阶 PID 控制器虽然期望能够得到比整数阶 PID 控制器更好的控制效果，但是其参数整定方法远没有整数阶 PID 成熟，由于新增加了两个参数分数阶微分和积分系数，控制的参数变成了 5 个，比整数阶 PID 控制器的 3 个参数具有更加复杂的联系和耦合关系。尽管也有一些分数阶 PID 的参数调整方法，但是这些方法大多是基于传统调节方法，调节过程仍然复杂。4.3 节将介绍基于遗传优化算法和 Pareto 前沿的多目标优化方法，实现整数阶 PID 和分数阶 PID 控制器的参数优化设计。

4.3　基于遗传优化算法的 PID 控制器参数在线优化

与整数阶 PID 控制器相比，分数阶 PID 控制器多了两个可调节的参数 λ 和 μ，为了获得良好的控制性能，需要五个参数（$K_{\mathrm{pf}},K_{\mathrm{if}},K_{\mathrm{df}},\lambda,\mu$）同时调整。然而各个参数的取值及参数组合将直接影响控制器的跟踪控制性能，因此手工整定分数阶 PID 参数比较困难。因此采用优化算法对其参数进行整定，选取参数的最佳值，进而实现最好的控制性能。本章采取了基于 Pareto 秩的遗传优化算法[6]，该算法是解决多目标优化问题的一种有效方法，且避免了多目标优化问题中不同目标权值的设置难题。

4.3.1　遗传优化算法简介

遗传优化算法又称基因算法,于 20 世纪 70 年代由美国密歇根大学的 Holland 教授提出,是模拟自然界中生物的个体遗传和进化过程而形成的一种自适应全局优化概率搜索算法。遗传优化算法可以解决各种类型的实际问题,在自动控制、模式识别、智能故障诊断等领域中均有广泛应用。

遗传优化算法将问题域中的所有可能解视作种群的每个个体,或者是染色体,并将所有的个体都编码为符号串的形式,模拟自然界优胜劣汰的竞争规则,对种群进行基于遗传学的操作(选择、交叉和变异)。通过预定的一个目标函数对所有个体进行评价,根据“适者生存”的进化规则,不断得到更优的个体,同时,全局搜索群体中最优的个体,最终得到满足给定要求的最优解[7]。

4.3.2　参数编码和初始种群产生

图 4.2 为本章所提出的遗传优化算法流程图,在遗传优化算法中先要选择的运行参数主要包括编码方式、进化代数 G、种群规模 M、交叉概率 P_c 和变异概率 P_m,然后根据先验知识确定要寻优的分数阶(或整数阶)PID 控制器参数范围。遗传优化算法可以采用二进制编码和实数编码,对于复杂函数的优化问题一般采用实数编码。

二进制编码具有编码、解码操作简单的特点,有利于实现交叉、变异操作。但其存在以下问题:①用于多维、高精度数值问题优化时,难以克服连续函数离散化时的映射误差;②无法直接反映问题的固有结构,精度不高;③个体长度大、占用内存多。实数编码的操作过程避免了编码和解码的过程,从而能够提高遗传优化算法的精度要求[8],且实数编码更适用于参数范围较大的优化问题。因此,一般采用实数编码对复杂函数进行优化。

因为分数阶 PID 控制器有五个参数,参数寻优空间很大,二进制编码处理起来难度较大,所以本节采用实数编码。

产生初始种群通常分为两步:第一步,产生在 0~1 均匀分布的随机数 $\gamma_{i,j}$;第二步,按照式(4.9)产生设定参数优化范围内的初始个体:

$$x_j = x_{L,j} + \lambda \left(x_{U,j} - x_{L,j} \right) \tag{4.9}$$

式中,x_j 为随机产生的个体,其取值范围为 $\left[x_{L,j}, x_{U,j} \right]$。

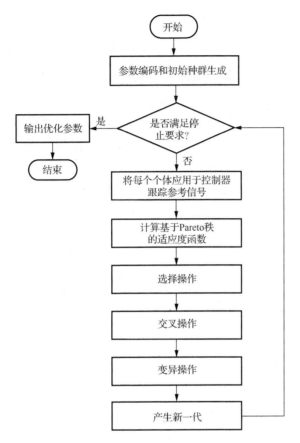

图 4.2　遗传优化算法流程图

4.3.3　基于 Pareto 秩的适应度函数

个体的适应度是表征个体优劣的唯一指标。一般设定适应度函数与个体的优劣程度成正比关系，即适应度值越大，个体的优越性越高。适应度函数通常规定为非负的，而目标函数可正可负，因此，目标函数和适应度函数存在相应的变换关系。

对于气动位置伺服系统的轨迹跟踪控制，应分别在动态和稳态情况下设计目标函数。首先，系统过渡阶段响应尽可能快且超调小，定义动态过程目标函数为 J_{v1}。其次，系统的稳态误差尽可能趋于 0，定义稳态阶段目标函数为 J_{v2}：

$$J_{v1} = \frac{1}{\sqrt{\dfrac{1}{N_1}\displaystyle\sum_{k=0}^{N_1} e_k^2}} \tag{4.10}$$

$$J_{v2} = \cfrac{1}{\sqrt{\cfrac{1}{N_2 - N_1}\displaystyle\sum_{k=N_1}^{N_2} e_k^2}} \tag{4.11}$$

式中，N_1 为动态（过渡）阶段结束时刻；N_2 为采样结束时刻；$e_k = y_d(k\Delta t) - y(k\Delta t)$ 为 k 时刻误差。本节选择 $N_1 = 200$；$N_2 = 1200$。

设置两个目标函数的原因是这两个不同阶段的误差量级差别大，动态过程由于没有实现跟踪，误差量级很大，而稳态阶段跟踪误差已经进入到跟踪误差很小的稳态误差带。此时跟踪误差非常小，通常动态过程误差的累计和（观察时间内）比稳态误差累计和大几个数量级。

为了比较不同控制器的性能，参考信号分别取正弦信号、S 曲线信号和多频正弦信号，定义如下。

（1）正弦信号：

$$y_{d1} = A_1 \sin(\omega_1 t) \tag{4.12}$$

式中，$A_1 = 167.475$；$\omega_1 = 0.5\pi$。

（2）S 曲线信号：

$$y_{d2} = \begin{cases} -\left(A_2 / \omega_2^2\right)\sin(\omega_2 t) + \left(A_2 / \omega_2\right)t, & t < 4s \\ 142.157, & t \geqslant 4s \end{cases} \tag{4.13}$$

式中，$A_2 = 55.825$；$\omega_2 = 0.5\pi$。

（3）多频正弦信号：

$$y_{d3} = A_3\left[\sin(2\omega_3 t) + \sin(\omega_3 t) + \sin(4\omega_3 t / 7) + \sin(\omega_3 t / 3) + \sin(4\omega_3 t / 17)\right] \tag{4.14}$$

式中，$A_3 = 167.475$；$\omega_3 = 0.5\pi$。

控制器的设计应满足目标函数 J_{v1} 和 J_{v2} 均取最小值的条件，以获取良好的动态和稳态特性。气动位置伺服系统的跟踪控制分别跟踪式（4.12）～式（4.14）中的三类参考曲线，则有三组 J_{v1} 和 J_{v2} 值，即 6 个目标函数，这是一个典型的多目标优化问题。

利用多目标加权法将多目标优化问题转化为单目标优化处理是一种常用的多目标优化问题解决方案。然而权值选择是多目标加权法不可避免的问题，其复杂性降低了解决方案的可操作性，从而导致最终结果与期望结果背道而驰。为了避免进行权值选择，本章采用 Pareto 秩定义目标函数来解决多目标优化问题。

以两个目标 f_1 和 f_2 的最小值问题为例，"支配"的概念如图 4.3 所示。在图 4.3 中，根据上述定义，"x_4" 由 "x_2" 支配，而没有个体支配 "x_1" "x_2" "x_3"，因此，"x_1""x_2""x_3"是非支配解。非支配解为优化问题的非支配意义下的最优解。

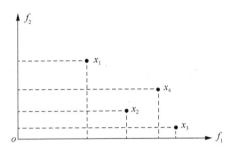

图 4.3　"支配"的概念

假定在第 T 代种群中，有 $p(x,T)$ 个个体支配个体 x，则个体 x 在种群中的秩为

$$\text{rank}(x,T) = 1 + p(x,T) \tag{4.15}$$

按照上述定义，图 4.3 中"x_1""x_2""x_3"的 Pareto 秩都是"1"。然而"x_4"由"x_2"支配，因此"x_4"的 Pareto 秩为"2"。上述方法用于求各代种群中 M 个个体的 Pareto 秩，其根据各个体的 J_{v1} 和 J_{v2} 值，按照 Pareto 秩排序。

个体的适应度与 Pareto 秩成反比。Pareto 秩越小，个体被选择到后代的概率就越大。本章选择的基于 Pareto 秩的适应度函数如下：

$$f(x,T) = \frac{1}{e^{\text{rank}(x,T)}} \tag{4.16}$$

式中，$\text{rank}(x,T)$ 为第 T 代种群中个体 x 的 Pareto 秩。

由式（4.15）和式（4.16）可以得到种群中各个体的 Pareto 秩及对应的适应度函数，然后各个体根据其适应度函数实现选择繁殖操作。

4.3.4　精英保留策略及进化操作

遗传优化算法中，精英保留策略是用来将群体中 15%适应度最高的个体直接复制到下一代的个体中[9]。除了保留的 15%适应度最高的个体外，其余的个体使用轮盘赌方法来选择进行交叉和变异操作[10]。

采用比例轮盘赌进行选择操作，个体的被选择概率与个体的适应度成正比。设种群规模为 M，个体 x_j 适应度函数为 $f(x_j,T)$，可得 x_j 被选择进入下一代种群的概率为

$$P_i = \frac{f(x_j,T)}{\sum_{i=1}^{M} f(x_j,T)} \tag{4.17}$$

交叉操作采用启发式交叉：

$$x' = x_1 + \lambda_c (x_1 - x_2) \tag{4.18}$$

式中，x_1 和 x_2 为父代个体，轮盘赌选择得到 x_1，随机得到 x_2；x' 为线性组合产生的新个体；λ_c 为在 $[0,1]$ 的随机数。采用启发式交叉操作得到的新个体会出现超过预先设定参数优化范围的情况。此时，需重新进行交叉操作，直到满足条件为止。

变异操作采用均匀变异：

$$x'_{i,j} = x_{Li,j} + \lambda_{mj} (x_{U,j} - x_{L,j}) \tag{4.19}$$

式中，$x'_{i,j}$ 为变异位，其取值范围为 $[x_{L,j}, x_{U,j}]$；λ_{mj} 为在 $[0,1]$ 均匀分布的随机数。

4.3.5 优化参数选择

基于 Pareto 秩得到的最优个体有多个，理想情况下这些解全部为非支配解，如何在非支配解中选择最后采用的最优参数，本书采用下述的"距离最小目标的最小距离"标准来选择最终优化参数。

假设在最后一代的所有个体中有 m_1 个非支配解，在所有非支配个体中搜索每个目标最小值记为

$$f_{d\min} = \min_{m=1,2,\cdots,m_1} f_d(x_m), d = 1, 2, \cdots, q \tag{4.20}$$

式中，x_m 为第 m 个非支配个体；m_1 为非支配解集合中非支配个体的数量。

定义非支配个体 m 的目标函数与最佳目标函数值之间的距离为[11]

$$\text{dis}_m = \sqrt{\sum_{d=1}^{6} \left[f_d(x_m) - f_{d\min} \right]^2} \tag{4.21}$$

式中，$d = 1, 2, \cdots, 6$ 为目标的数量；$(f_{1\min}, f_{2\min}, \cdots, f_{6\min})$ 为所有非支配个体所对应的能达到的最佳目标。

最终选择 dis_m 最小的个体 m 作为优化参数。

4.4 实 验 结 果

利用 4.3 节中提出的遗传优化算法分别对式（4.8）中的 $PI^\lambda D^\mu$ 控制器和式（4.1）中的整数阶 PID 控制器参数进行在线优化，并用优化后的参数进行气动位置伺服系统的控制。在线优化过程中将每个个体转化成对应的分数阶或者整数阶 PID 参数，采用这些参数对期望目标进行跟踪，为了使每一个个体得到公平评价，初始时刻通过闭环定位将滑块的输出定位到期望跟踪轨线的初始值处，同时在人工调

节参数的基础上将扩展控制器参数范围作为寻优范围，如果在寻优过程有多个非支配解处于参数边界，则扩展相应边界。

遗传优化算法中，终止进化代数 G 取 40、种群规模 M 取 100、交叉概率 P_c 取 0.9、变异概率 P_m 取 0.1。

其中 $PI^{\lambda}D^{\mu}$ 控制器五个参数的整定范围：$k_p \in [0.01, 45]$，$k_i \in [0.01, 1800]$，$k_d \in [0.01, 20]$，$\lambda \in [0.01, 8]$，$\mu \in [0.01, 4]$。

为对比整数阶 PID 控制器的性能，采用同样的优化算法对整数阶 PID 进行参数优化。整数阶 PID 控制器三个参数的整定范围：$k_p \in [0.01, 40]$，$k_i \in [0.01, 800]$，$k_d \in [0.01, 20]$。

遗传优化算法可以得到的 Pareto 最优解集中包含许多组解，选择其中一组较优参数解作为控制器参数。对于分数阶 PID 控制器，控制器参数选择为 $k_p = 37.625$，$k_i = 1419.1$，$k_d = 0.038$，$\lambda = 2.59$，$\mu = 1.689$。

对于整数阶 PID 控制器，控制器参数选择为 $k_p = 35.024$，$k_i = 335.029$，$k_d = 1.548$。

分数阶 PID 控制器和整数阶 PID 控制器均采用优化参数控制气动位置伺服系统跟踪三个参考信号，采用分数阶 PID 控制器和整数阶 PID 控制器跟踪参考信号得到的实验结果分别如图 4.4～图 4.6 和图 4.7～图 4.9 所示。在图 4.4～图 4.9 各子图中，图（a）中的虚线为期望位置 y_d，实线为系统的实际位置 y；图（b）为系统跟踪误差。从实验结果图可见，经过优化后，分数阶 PID 控制器和整数阶 PID 控制器直观上都能够跟踪期望轨线，但是跟踪的误差和控制量存在差别。

为了定量地比较两种方法对三种参考信号的跟踪效果，定义如下的均方根误差 RMSE（单位：mm）：

$$\text{RMSE} = \sqrt{\frac{1}{N_2 - N_1 + 1} \sum_{k=N_1}^{N_2} e_k^2} \tag{4.22}$$

式中，N_1 为采样开始时刻；N_2 为采样结束时刻；$e_k = y_d(k\Delta t) - y(k\Delta t)$ 为 k 时刻的误差，$y_d(k\Delta t)$ 为 k 时刻的参考信号，y 为 k 时刻的系统实际输出。

为了定量比较不同控制方法的能耗，采用控制量大小衡量控制过程中的能耗，能量消耗 Q（单位：V）定义为每个采样点的控制输出电压的绝对值之和：

$$Q = \sum_{k=N_1}^{N_2} |u_k - u_0| \tag{4.23}$$

式中，u_k 为 k 时刻的控制输出电压；u_0 为比例阀的零点电压。

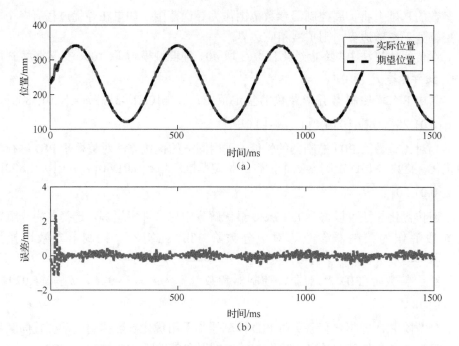

图 4.4　分数阶 PID 控制器跟踪正弦信号实验结果

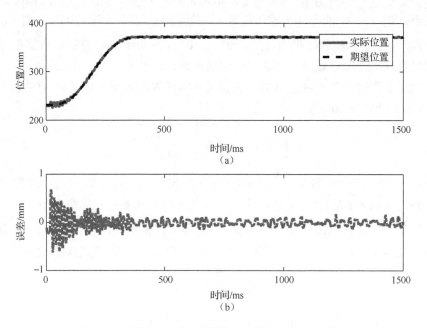

图 4.5　分数阶 PID 控制器跟踪 S 曲线信号实验结果

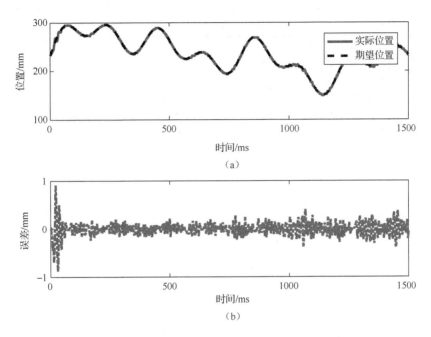

图 4.6　分数阶 PID 控制器跟踪多频正弦信号实验结果

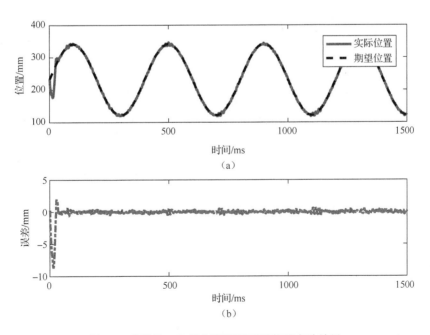

图 4.7　整数阶 PID 控制器跟踪正弦信号实验结果

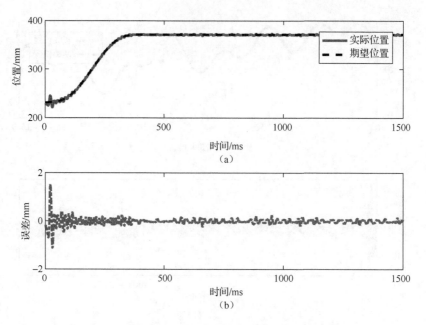

图 4.8 整数阶 PID 控制器跟踪 S 曲线信号实验结果

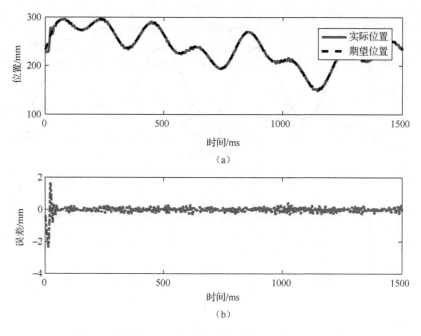

图 4.9 整数阶 PID 控制器跟踪多频正弦信号实验结果

分别采用分数阶 PID 控制法、整数阶 PID 控制法跟踪三类参考信号，得到两种方法的定量比较结果如表 4.1～表 4.3 所示。

表 4.1　两种方法跟踪正弦信号的 RMSE 和 Q 对比

方法	指标	最大值	平均值
整数阶 PID	RMSE/mm	1.0858	1.0589
	Q/V	5.3677	5.2046
分数阶 PID	RMSE/mm	0.7397	0.7108
	Q/V	3.1369	2.9814

表 4.2　两种方法跟踪 S 曲线信号的 RMSE 和 Q 对比

方法	指标	最大值	平均值
整数阶 PID	RMSE/mm	0.3291	0.2977
	Q/V	3.2866	3.0042
分数阶 PID	RMSE/mm	0.3145	0.2640
	Q/V	2.2195	2.1348

表 4.3　两种方法跟踪多频正弦信号的 RMSE 和 Q 对比

方法	指标	最大值	平均值
整数阶 PID	RMSE/mm	0.6781	0.6288
	Q/V	4.0144	3.9026
分数阶 PID	RMSE/mm	0.6023	0.5739
	Q/V	2.5193	2.4673

由表 4.1～表 4.3 可以得出结论，分数阶 PID 控制器与整数阶 PID 控制器相比，均方根误差相对较小，控制性能更好，且具有更小的能耗。

4.5　实　验　程　序

实验程序包括：中断定时器&API 函数的引用程序、给定参考信号程序、基于 Pareto 秩的遗传优化算法程序、PID 控制程序、分数阶 PID 控制程序、归中程序、优化程序、滤波&限幅程序、画图程序。

1）例程 4-1 中断定时器&API 函数的引用程序

```
1    Attribute VB_Name = "API"
2    Public Declare Function timeSetEvent Lib "winmm.dll" ( _
3    ByVal uDelay As Long, ByVal uResolution As Long, _
```

```
4     ByVal lpFunction As Long, ByVal dwUser As Long, _
5     ByVal uFlags As Long) As Long
6     Public Declare Function timeKillEvent Lib "winmm.dll" ( _
7     ByVal uID As Long) As Long
8     Public Const TIME_CALLBACK_FUNCTION = &H0
9     Public Const TIME_PERIODIC = 1
10    hDevice = PCI2306_CreateDevice(0)        '创建设备对象
11    If hDevice = INVALID_HANDLE_VALUE Then
12    End
13    End If
14    y = PCI2306_ReadDevOneAD(hDevice, adchanneL) 'A/D采样, hDevice
15    为设备的操作句柄; adchanneL 为 A/D 转换的通道; NumBack 为返回的 A/D
      采样值
16    PCI2306_WriteDeviceProDA hDevice, pda, channeLN  ' D/A输出,
17    hDevice 为设备的操作句柄; channeLN 为输出通道; Uo 为输出数据
18    Public Function CALLBACK_Timer(uID As Long, uMsg As Long, _
19    dwUser As Long, dw1 As Long, dw2 As Long) As Long    'TimeSetEvet
      的回调函数
20    '控制算法子函数
21    End Function
```

2）例程 4-2 给定参考信号程序

```
1     '========给定参考信号程序
2     Sub Control algorithm()
3     count = count + 1
4     If count > 1600 Then
5     Form1.Command2_Click
6     Form1.Command4_Click
7     End If
8     '给定信号: 正弦信号
9     If Form1.Option1.Value = True Then
10    rinn = Form1.Text4.Text * Sin(2 * 3.14159265 / Form1.Text5.Text
      * count * t) + zeropoint
11    End If
12    '给定信号: S信号
13    If Form1.Option2.Value = True Then
14    rinn = -(Form1.Text4.Text / ((2 * 3.14 / Form1.Text5.Text) *
15    (2 * 3.14 / Form1.Text5.Text))) * Sin(2 * 3.14 / Form1.Text5.
16    Text * count * t) + (Form1.Text4.Text / (2 * 3.14 / Form1.
      Text5.Text)) * count * t + zeropoint
17    If count <= 400 Then
18    OLDA = rinn
19    End If
20    If count >= 400 Then
21    rinn = OLDA
```

```
22    End If
23    End If
24    '给定信号：多频正弦信号
25    If Form1.Option3.Value = True Then
26    rinn = (Form1.Text4.Text * Sin(2 * 3.14159265 / 2 * count *
27    t) + Form1.Text4.Text * Sin(2 * 3.14159265 / Form1.Text5.Text
28    * count * t) + Form1.Text4.Text * Sin(2 * 3.14159265 / 7 * count
29    * t) + Form1.Text4.Text * Sin(2 * 3.14159265 / 12 * count *
      t) + Form1.Text4.Text * Sin(2 * 3.14159265 / 17 * count * t))
      / 5 + zeropoint
30    End If
31    '采集信号输出
32    y = PCI2306_ReadDevOneAD(hDevice, adchanneL)
```

3）例程 4-3　基于 Pareto 秩的遗传优化算法程序

```
1     Public I2 As Double
2     Public count As Double
3     Public daadapt(100) As Double
4     Public dacta(100) As Double
5     Public dactp(100) As Double
6     Public dactd(100) As Double
7     Public dajifenj(100) As Double
8     Public daweifenj(100) As Double
9     Public dashiyanci(100) As Double
10    Public dajiaochaci(100) As Double
11    Public dabianyici(100) As Double
12    Public px(100) As Double
13    Public ppx(100) As Double
14    Public zb(100) As Double
15    Public zb2(100) As Double
16    Public zb3(100) As Double
17    Public zb4(100) As Double
18    Public zb5(100) As Double
19    Public zb6(100) As Double
20    Public zbsum(100) As Double
21    Public zbsumd(100) As Double
22    Public zbsumz As Double
23    Public zbrank(100) As Double
24    Public zbX(100) As Integer
25    Public nn3 As Integer
26    Public length As Integer
27    Public flagb As Integer
28    Public e2(32765) As Double
29    Public cdk(32765) As Double
30    Public cnt As Double
```

```
31    Public ctai(100) As Double
32    Public ctad(100) As Double
33    Public cta(100, 5) As Double
34    Public cta1(100, 5) As Double
35    Public XBOUND(5) As Double
36    Public SBOUND(5) As Double
37    Public nxx(100, 5) As Double
38    Public nx(100, 5) As Double
39    Public father As Integer
40    Public mother As Integer
41    Public postcut As Integer
42    Public postmut As Integer
43    Public jifenj As Double
44    Public weifenj As Double
45    Public ctk As Double
46    Public ctp As Double
47    Public ctd As Double
48    Public I0 As Double
49    Public I As Double
50    Public I00 As Double
51    Dim pdajf As Double
52    Dim pdawf As Double
53    Public I1 As Double
54    Public nj As Double
55    Public nnj As Double
56    Public nd As Double
57    Public I3 As Double
58    Public I4 As Double
59    Public I5 As Double
60    Public I6 As Double
61    Public I7 As Double
62    Public shiyanci As Double
63    Public jiaochaci As Double
64    Public bianyici As Double
65    Public zeropoint As Double
66    Public cjz As Double
67    Public byz As Double
68    Private Sub Command5_Click()
69    initialzq    '初始化
70    saveda
71    End Sub
72    Private Sub Command1_Click()
73    For I1 = 1 To nd        '循环代数
74    readda                  '读取上次保存值
75    For I2 = 1 To nj      '30 个种群
76    decc            '换算到实际参数
```

```
77  ctai(0) = 1
78  ctad(0) = 1
79  For I = 1 To 19
80  ctai(I) = (1 - (jifenj + 1) / I) * ctai(I - 1)
81  ctad(I) = (1 - (weifenj + 1) / I) * ctad(I - 1)
82  Next I
83  initiate3          '每次实验变量初始化
84  tiaoping           '置于中间位置
85  Sleep 500          '停顿 0.5 秒
86  tiaoping           '再置于中间位置
87  setpoint           '找到初始点
88  flagb = 1          '选第三个曲线
89  uID = timeSetEvent(10, 0, AddressOf CALLBACK_Timer, 0, _
90  TIME_PERIODIC)
91  Sleep 14000            '20ms
92  zb(I2) = RMSE        '保存 200-1200
93  zb2(I2) = RMSE1      '保存 0-200
94  initiate3           '每次实验变量初始化
95  tiaoping            '置于中间位置
96  Sleep 500           '停顿 0.5 秒
97  tiaoping            '再置于中间位置
98  setpoint            '找到初始点
99  flagb = 2           '选第三个曲线
100 uID = timeSetEvent(10, 0, AddressOf CALLBACK_Timer, 0, _
101 TIME_PERIODIC)
102 Sleep 14000            '20ms
103 zb3(I2) = RMSE      '保存 200-1200
104 zb4(I2) = RMSE1     '保存 0-200
105 initiate3           '每次实验变量初始化
106 tiaoping            '置于中间位置
107 Sleep 500           '停顿 0.5 秒
108 tiaoping            '再置于中间位置
109 setpoint            '找到初始点
110 flagb = 3           '选第三个曲线
111 uID = timeSetEvent(10, 0, AddressOf CALLBACK_Timer, 0, _
112 TIME_PERIODIC)
113 Sleep 16000            '20ms
114 zb5(I2) = RMSE      '保存 200-1200
115 zb6(I2) = RMSE1     '保存 0-200
116 zbX(I2) = I2        '保存序号
117 zbsum(I2) = zb(I2) + zb2(I2) + zb3(I2) + zb4(I2) + zb5(I2) +
    zb6(I2) '求得总和
118 Open "dacount.txt" For Output As #20
119 Write #20, I2
120 Close #20
121 Next I2                 '一代种群计算完毕
```

```
122  Call rank(zb, zb2, zb3, zb4, zb5, zb6)   '计算 Pareto 秩
123  Call sort(zbrank, zbX, zbsum) '秩排序
124  nn3 = 1
125  For I2 = 1 To nj - 1      '算得 Pareto 最优解集中的解个数
126  If zbrank(I2) <= zbrank(nj) Then
127  nn3 = nn3 + 1
128  End If
129  Next I2
130  For I2 = 1 To nj          '参数按照 Pareto 秩重新排序
131  zbsumd(I2) = 1 / zbsum(I2)
132  For I3 = 1 To 5
133  cta1(I2, I3) = cta(zbX(I2), I3)
134  Next I3
135  Next I2
136  For I2 = 1 To nj
137  For I3 = 1 To 5
138  cta(I2, I3) = cta1(I2, I3)
139  Next I3
140  Next I2
141  For I2 = (nj - nn3 + 1) To nj '保存最优解集中的参数
142  dashiyanci(I1) = shiyanci          '保存遗传优化算法信息
143  dajiaochaci(I1) = jiaochaci
144  dabianyici(I1) = bianyici
145  If I1 < nd Then            '遗传操作
146  nnj = nj * 0.15            '前 15%个体直接保留到下一代
147  zbsumz = 0
148  For I0 = 1 To nj - nnj    '
149  zbsumz = zbsumz + 1 / Exp(zbrank(I0))
150  Next I0
151  For I0 = 1 To nj - nnj      '算得轮盘赌概率
152  px(I0) = 1 / Exp(zbrank(I0)) / zbsumz
153  Next I0
154  ppx(1) = px(1)
155  For I0 = 2 To nj - nnj    '用于轮盘赌概率累加
156  ppx(I0) = ppx(I0 - 1) + px(I0)
157  Next I0
158  For I0 = 1 To nj
159  For I6 = 1 To 5
160  nx(I0, I6) = cta(I0, I6)    '保存所有数据到 nx
161  Next I6
162  Next I0
163  For I0 = 1 To nnj                          '保留 15%
164  For I6 = 1 To 5
165  nxx(I0, I6) = nx(nj + 1 - I0, I6)
166  Next I6
167  Next I0
```

```
168  For I0 = nnj + 1 To nj                         ' %轮盘赌
169  shiyanci = shiyanci + 1
170  Randomize
171  sta = Rnd
172  For I00 = 1 To nj - nnj                    '选择父代
173  If sta <= ppx(I00) Then
174  father = I00
175  Exit For
176  End If
177  Next I00
178  Randomize
179  mother = Round(Rnd * (nj - 1)) + 1        '随机选择母代
180  Randomize
181  sta1 = Rnd
182  If sta1 <= cjz Then '交叉
183  jiaochaci = jiaochaci + 1
184  Randomize
185  poscut = Rnd
186  For I5 = 1 To 5
187  nxx(I0, I5) = nx(father, I5) + poscut * (nx(father, I5) -
     nx(mother, I5))
188  Next I5
189  Else
190  For I6 = 1 To 5
191  nxx(I0, I6) = nx(father, I6)
192  Next I6
193  End If
194  Randomize
195  sta2 = Rnd
196  For I5 = 1 To 5
197  If sta2 <= byz Then '变异
198  bianyici = bianyici + 1
199  Randomize
200  posmut = Rnd
201  nxx(I0, I5) = XBOUND(I5) + Rnd * (SBOUND(I5) - XBOUND(I5))
202  End If
203  Next I5
204  Next I0
205  For I5 = 1 To nj              '操作完信息转换
206  For I6 = 1 To 5
207  cta(I5, I6) = nxx(I5, I6)
208  cdk((I5 - 1) * 5 + I6) = cta(I5, I6)
209  Next I6
210  Next I5
211  saveda
212  End If
```

```
213   Next I1
214   '遗传优化算法初始值
215   Function initiate()
216   lastpda = 0
217   cnt = 0
218   SZE = 0
219   SZE1 = 0
220   shiyanci = 0
221   jiaochaci = 0
222   bianyici = 0
223   nd = 11
224   nj = 100
225   cjz = 0.9
226   byz = 0.1
227   End Function
```

4）例程 4-4 PID 控制程序

```
1    '=======PID 控制程序
2    Public e2(327670) As Double
3    Public cnt As Double
4    Dim jifenj As Double
5    Dim weifenj As Double
6    Dim ctk As Double
7    Dim ctp As Double
8    Dim ctd As Double
9    Dim pdajf As Double
10   Dim pdawf As Double
11   Public zeropoint As Double
12   Public OLDA As Double
13   ' 这个就是 TimeSetEvet 的回调函数！
14   Public Function CALLBACK_Timer(uID As Long, uMsg As Long, _
15   dwUser As Long, dw1 As Long, dw2 As Long) As Long
16   'PID 控制子函数
17   PID Control
18   End Function
19   Sub PID Control()
20   count = count + 1
21   If count > 1600 Then
22   Form1.Command2_Click
23   Form1.Command4_Click
24   End If
25   End Sub
26   '采集系统实际输出位移信号
27   y = PCI2306_ReadDevOneAD(hDevice, adchanneL)
28   '输入比例、积分、微分系数
```

```
29    ctk = Form1.Text3.Text
30    ctp = Form1.Text6.Text
31    ctd = Form1.Text2.Text
32    rin = rinn
33    e = y - rin
34    y = y + (2105 - zeropoint)
35    rinn = rinn + (2105 - zeropoint)
36    e2(cnt) = -e
37    pdajf = pdajf + 0.01 * e2(cnt) 'ctai(I) * e2(cnt - I)
38    pdawf = (e2(cnt) - e2(cnt - 1)) / 0.01
39    pda = ctk * e2(cnt) + ctp * pdajf
40    pda = pda + ctd * pdawf
41    pda = pda + zeropoint
42    cnt = cnt + 1
43    '限幅
44    If pda >= 2937 Then
45    pda = 2937
46    End If
47    If pda <= 1337 Then
48    pda = 1337
49    End If
50    '送出控制量
51    PCI2306_WriteDeviceProDA hDevice, pda, channeLN
52    End Sub
```

5）例程 4-5　分数阶 PID 控制程序

```
1     '=====分数阶 PID 控制程序
2     Public I2 As Double
3     Public count As Double
4     Public daadapt(100) As Double
5     Public dacta(100) As Double
6     Public dactp(100) As Double
7     Public dactd(100) As Double
8     Public dajifenj(100) As Double
9     Public daweifenj(100) As Double
10    Public dashiyanci(100) As Double
11    Public dajiaochaci(100) As Double
12    Public dabianyici(100) As Double
13    Public px(100) As Double
14    Public ppx(100) As Double
15    Public zb(100) As Double
16    Public zb2(100) As Double
17    Public zb3(100) As Double
18    Public zb4(100) As Double
19    Public zb5(100) As Double
```

```
20    Public zb6(100) As Double
21    Public zbsum(100) As Double
22    Public zbsumd(100) As Double
23    Public zbsumz As Double
24    Public zbrank(100) As Double
25    Public zbX(100) As Integer
26    Public nn3 As Integer
27    Public length As Integer
28    Public flagb As Integer
29    Public e2(32765) As Double
30    Public cdk(32765) As Double
31    Public cnt As Double
32    Public ctai(100) As Double
33    Public ctad(100) As Double
34    Public cta(100, 5) As Double
35    Public cta1(100, 5) As Double
36    Public XBOUND(5) As Double
37    Public SBOUND(5) As Double
38    Public nxx(100, 5) As Double
39    Public nx(100, 5) As Double
40    Public father As Integer
41    Public mother As Integer
42    Public postcut As Integer
43    Public postmut As Integer
44    Public jifenj As Double
45    Public weifenj As Double
46    Public ctk As Double
47    Public ctp As Double
48    Public ctd As Double
49    Public I0 As Double
50    Public I As Double
51    Public I00 As Double
52    Dim pdajf As Double
53    Dim pdawf As Double
54    Public I1 As Double
55    Public nj As Double
56    Public nnj As Double
57    Public nd As Double
58    Public I3 As Double
59    Public I4 As Double
60    Public I5 As Double
61    Public I6 As Double
62    Public I7 As Double
63    Public Function CALLBACK_Timer(uID As Long, uMsg As Long, _
64    dwUser As Long, dw1 As Long, dw2 As Long) As Long
65    'FPID 控制子函数
```

```
66   FPID Control
67   End Function
68   Sub FPID Control()
69   count = count + 1
70   If count > 810 Then
71   count = 0
72   Form1.Command2_Click
73   End If
74   End Sub
75   '控制器设计
76   rin = rinn
77   e = y - rin
78   If cnt < 20 Then
79   For I = 0 To 18
80   e2(I) = e2(I + 1)
81   Next I
82   e2(19) = -e
83   pdajf = 0
84   pdawf = 0
85   For I = 0 To 19
86   pdajf = pdajf + ctai(I) * e2(19 - I)
87   pdawf = pdawf + ctad(I) * e2(19 - I)
88   Next I
89   pda = ctk * e2(cnt) + ctp * (0.01 ^ (-jifenj)) * pdajf
90   pda = pda + ctd * (1 / (0.01 ^ (weifenj))) * pdawf
91   Else
92   e2(cnt) = -e
93   End If
94   If cnt >= 20 Then
95   pdajf = 0
96   pdawf = 0
97   For I = 0 To 19
98   pdajf = pdajf + ctai(I) * e2(cnt - I)
99   pdawf = pdawf + ctad(I) * e2(cnt - I)
100  Next I
101  pda = ctk * e2(cnt) + ctp * (0.01 ^ (-jifenj)) * pdajf
102  pda = pda + ctd * (1 / (0.01 ^ (weifenj))) * pdawf
103  End If
104  pda = pda + 2137
105  cnt = cnt + 1
106  '限幅
107  If pda >= 2937 Then
108  pda = 2937
109  End If
110  If pda <= 1337 Then
111  pda = 1337
```

```
112   End If
113   If count >= 1 Then
114   If count <= 200 Then
115   SZE1 = SZE1 + e * e
116   End If
117   End If
118   RMSE1 = Sqr(SZE1 / 200) * 450 / 4095
119   If count >= 201 Then
120   If count <= 800 Then
121   SZE = SZE + e * e
122   End If
123   End If
124   RMSE = Sqr(SZE / 600) * 450 / 4095
125   PCI2306_WriteDeviceProDA hDevice, pda, channeLN
126   End Sub
127   '参数初始化
128   Function initiate()
129   t = 0.01
130   lastpda = 0
131   count = 0
132   cnt = 0
133   SZE = 0
134   SZE1 = 0
135   shiyanci = 0
136   jiaochaci = 0
137   bianyici = 0
138   nd = 11
139   nj = 100
140   cjz = 0.9
141   byz = 0.1
142   SBOUND(1) = 40
143   XBOUND(1) = 0.01
144   SBOUND(2) = 800
145   XBOUND(2) = 0.01
146   SBOUND(3) = 20
147   XBOUND(3) = 0.01
148   SBOUND(4) = -0.01
149   XBOUND(4) = -4
150   SBOUND(5) = 4
151   XBOUND(5) = 0.01
152   End Function
```

6）例程 4-6 归中程序

```
1     '=====归中程序
2     Function tiaoping()
```

```
3    y = PCI2306_ReadDevOneAD(hDevice, adchanneL)
4    M4 = 2048 - y
5    Dim ccnnt As Integer
6    ccnnt = 0
7    If M4 < 0 Then
8    M4 = -M4
9    End If
10   While (M4 > 25)
11   y = PCI2306_ReadDevOneAD(hDevice, adchanneL)
12   M4 = 2048 - y
13   If M4 < 0 Then
14   M4 = -M4
15   End If
16   If M4 < 100 Then
17   u = 2137 + (0 + 2 * Sin(M4 / 64)) * (2048 - y)
18   Else
19   If M4 < 200 Then
20   u = 2137 + (2 + 1 * Sin((M4 - 100) / 64)) * (2048 - y)
21   Else
22   If M4 < 400 Then
23   u = 2137 + (1 + 2 * Cos((M4 - 200) / 128)) * (2048 - y)
24   Else
25   If M4 < 600 Then
26   u = 2137 + (0.5 + 0.5 * Cos((M4 - 400) / 128)) * (2048 - y)
27   Else
28   u = 2137 + 0.5 * (2048 - y)
29   End If
30   End If
31   End If
32   End If
33   pda = u
34   If pda >= 3800 Then
35   pda = 3800
36   End If
37   If pda <= 200 Then
38   pda = 200
39   End If
40   ccnnt = ccnnt + 1
41   If ccnnt > 200 Then
42   Exit Function
43   End If
44   PCI2306_WriteDeviceProDA hDevice, pda, channeLN
45   Sleep 50
46   Wend
47   PCI2306_WriteDeviceProDA hDevice, 2137, 0
48   End Function
```

7）例程 4-7 优化程序

```
1    Public Sub sort(a() As Double, b() As Integer, c() As Double)
2    Dim I3 As Integer
3    Dim J As Integer
4    Dim temp As Double
5    Dim K As Double
6    For I3 = 1 To nj
7    K = I3
8    For J = I3 + 1 To nj
9    If a(J) > a(K) Then
10   K = J
11   Else
12   If a(J) = a(K) Then
13   If c(J) > c(K) Then
14   K = J
15   End If
16   End If
17   End If
18   Next J
19   temp = a(I3)
20   a(I3) = a(K)
21   a(K) = temp
22   temp = b(I3)
23   b(I3) = b(K)
24   b(K) = temp
25   temp = c(I3)
26   c(I3) = c(K)
27   c(K) = temp
28   Next I3
29   End Sub
30   Public Sub rank(a() As Double, b() As Double, c() As Double,
31   d() As Double, e() As Double, f() As Double)
32   Dim I3 As Integer
33   Dim J As Integer
34   Dim temp As Double
35   Dim K As Double
36   For I3 = 1 To nj
37   temp = 0
38   For J = 1 To nj
39   If a(J) < a(I3) Then
40   If b(J) < b(I3) Then
41   If c(J) < c(I3) Then
42   If d(J) < d(I3) Then
43   If e(J) < e(I3) Then
44   If f(J) < f(I3) Then
```

```
45   temp = temp + 1
46   End If
47   End If
48   End If
49   End If
50   End If
51   End If
52   Next J
53   zbrank(I3) = temp
54   Next I3
55   End Sub
56   Function initialzq()
57   For I = 1 To nj
58   For I5 = 1 To 5
59   Randomize
60   cta(I, I5) = XBOUND(I5) + Rnd * (SBOUND(I5) - XBOUND(I5))
61   cdk((I - 1) * 5 + I5) = cta(I, I5)
62   Next I5
63   Next I
64   End Function
65   Function readda()
66   Open "dacdk.txt" For Input As #12          '读逆 M 序列
67   For I = 1 To nj * 5
68   Input #12, cdk(I)
69   Next I
70   Close #12
71   For I5 = 1 To nj
72   For I6 = 1 To 5
73   cta(I5, I6) = cdk((I5 - 1) * 5 + I6)
74   Next I6
75   Next I5
76   End Function
77   Function saveda()
78   Open "dacdk.txt" For Output As #16
79   For I = 1 To nj * 5
80   Write #16, cdk(I)
81   Next I
82   Close #16
83   End Function
84   Function decc()
85   ctk = cta(I2, 1)
86   ctp = cta(I2, 2)
87   ctd = cta(I2, 3)
88   jifenj = cta(I2, 4)
89   weifenj = cta(I2, 5)
90   End Function
```

8）例程 4-8　滤波&限幅程序

```
1    '=======滤波选择
2    If Form1.Option4.Value = True Then
3    Control_Filter
4    End If
5    '=========滤波子程序
6    Sub Control_Filter()
7    '=====================滑动平均值滤波
8    '===对于正弦波输入时直接调用滤波子程序，对于方波参考信号，在检测到达期望
9    输出值的 70%之后再进行滤波处理
10   If Form1.Option2.Value = True Or _
11   (Form1.Option3.Value = True And (ym(3) > 0.7 * 3000 Or ym(3) <
     1000 + 0.3 * 1000))
12   Then
13   N1 = Form1.Text13.Text
14   cc = cc + 1              '每采样一次，cc+1，第一次时将其指向数组第一个变量
15   If cc >= N1 + 1 Then  '指针如果指到数组中的最后一个变量，则将指针指向
     第一个变量
16   cc = 1
17   FIFO_FLag = 0
18   End If
19   Sum = Sum - Ctrl_Filter(cc)              '去掉和中最早一次的值
20   Ctrl_Filter(cc) = Uo                     '用最新的值代替最前面的值
21   Sum = Sum + Ctrl_Filter(cc)              '把最新的值加到和值中去
22   If FIFO_FLag = 1 Then
23   Uo = Sum / cc
24   Else
25   Uo = Sum / N1
26   End If
27   End If
28   End Sub
29   '=========控制信号限幅
30   If Uo >= 4095 Then
31   Uo = 4095
32   End If
33   If Uo <= 0 Then
34   Uo = 0
35   End If
```

9）例程 4-9　画图程序

```
1    ''画图中出现的变量
2    Dim lasty As Double
3    Dim X As Single
4    Dim perlsbpels As Single
5    Dim t As Single
```

```
6    Dim space As Single
7    Dim adchanneL As Integer
8    Dim channeLN As Integer
9    Dim hDevice As Long
10   Public q1 As Double
11   Dim lastrinn As Single
12   Dim wavecrest As Single
13   Dim wavethrough As Single
14   Dim laste As Single
15   Dim u As Single
16   Dim lastpda As Single
17   Dim xt As Single
18   Dim st As Single
19   Dim oldx As Single
20   Dim oldy As Single
21   Dim zt As Single
22   Dim xxt As Single
23   Dim sst As Single
24   Dim oldxx As Single
25   Dim oldyy As Single
26   Dim zzt As Single
27   Dim XX As Single
28   Dim space1 As Single
29   Dim perlsbpels1 As Single
30   Sub DrawWaveProc()
31   Form1.Picture1.Line (Form1.Picture1.ScaleLeft, Form1.
32   Picture1.ScaleHeight / 2)-(Form1.Picture1.ScaleWidth, Form1.
     Picture1.ScaleHeight / 2), vbBlack '画横坐标
33   Form1.Picture1.Line (Form1.Picture1.ScaleLeft, Form1.
34   Picture1.ScaleTop)-(Form1.Picture1.ScaleLeft,
35   Form1.Picture1.ScaleHeight), vbBlack '画纵坐标
36   space = Form1.Picture1.Width / (Form1.Text1.Text / (10 / 1000))
37   zt = (Form1.Picture1.ScaleHeight - 200) / 8
38   For xt = 0 To Form1.Picture1.Width Step Form1.Picture1.Width
     / 5  '画 x 轴的刻度
39   oldx = Form1.Picture1.ScaleLeft + xt
40   oldy = Form1.Picture1.ScaleHeight / 2
41   Form1.Picture1.CurrentX = oldx
42   Form1.Picture1.CurrentY = oldy
43   If xt = Form1.Picture1.Width Then
44   Form1.Picture1.CurrentX = oldx - 350
45   Form1.Picture1.Print (xt * Form1.Text1.Text / Form1.Picture1.
     Width)
46   ElseIf xt <> 0 Then
47   Form1.Picture1.Print (xt * Form1.Text1.Text / Form1.Picture1.
     Width)
```

```
48    End If
49    Form1.Picture1.Line (oldx, oldy - 50)-(oldx, oldy), vbBlack
50    Next
51    For yt = -4 To 4               '画 y 轴的刻度
52    oldx = Form1.Picture1.ScaleLeft
53    oldy = Form1.Picture1.ScaleHeight / 2 - yt * zt
54    Form1.Picture1.CurrentX = oldx
55    Form1.Picture1.CurrentY = oldy
56    If yt <> 0 And yt <> -4 Then
57    Form1.Picture1.Print Round(2048 * 0.1112 + 2048 * 0.1112 / 4
      * yt, 1)
58    End If
59    Form1.Picture1.Line (oldx, oldy)-(oldx + 50, oldy), vbBlack
60    Next
61    X = X + space
62    If X >= Form1.Picture1.Width Then
63    Form1.Picture1.Refresh   '强制重绘窗体
64    X = 0
65    End If
66    '绘制三条曲线
67    Form1.DrawStyle = 5
68    q1 = count Mod 2
69    If q1 = 0 Then
70    Form1.Picture1.Line (X - space, Form1.Picture1.ScaleHeight -
71    100 - lastrinn * perlsbpels)-(X, Form1.Picture1.ScaleHeight -
      100 - rinn * perlsbpels), vbBlack
72    End If
73    Form1.Picture1.Line (X - space, Form1.Picture1.ScaleHeight -
74    100 - lasty * perlsbpels)-(X, Form1.Picture1.ScaleHeight - 100
      - y * perlsbpels), vbBlue
75    lastrinn = rinn
76    lasty = y
77    laste = e
78    Form1.Picture2.Line (Form1.Picture2.ScaleLeft, Form1.
79    Picture2.ScaleHeight/2)-(Form1.Picture2.ScaleWidth,
80    Form1.Picture2.ScaleHeight / 2), vbBlack '画横坐标
81    Form1.Picture2.Line (Form1.Picture2.ScaleLeft, Form1.
82    Picture2.ScaleTop)-(Form1.Picture2.ScaleLeft,
83    Form1.Picture2.ScaleHeight), vbBlack '画纵坐标
84    space1 = Form1.Picture2.Width / (Form1.Text1.Text / (10 /
      1000))
85    zzt = (Form1.Picture2.ScaleHeight - 200) / 4
86    For xxt = 0 To Form1.Picture2.Width Step Form1.Picture2.Width
      / 5  '画 x 轴的刻度
87    oldxx = Form1.Picture2.ScaleLeft + xxt
88    oldyy = Form1.Picture2.ScaleHeight / 2
```

```
89   Form1.Picture2.CurrentX = oldxx
90   Form1.Picture2.CurrentY = oldyy
91   If xxt = Form1.Picture2.Width Then
92   Form1.Picture2.CurrentX = oldxx - 350
93   Form1.Picture2.Print (xxt * Form1.Text1.Text / Form1.
     Picture2.Width)
94   ElseIf xxt <> 0 Then
95   Form1.Picture2.Print (xxt * Form1.Text1.Text / Form1.
     Picture2.Width)
96   End If
97   Form1.Picture2.Line (oldxx, oldyy - 50)-(oldxx, oldyy), vbBlack
98   Next
99   For yyt = -2 To 2                '画 y 轴的刻度
100  oldxx = Form1.Picture2.ScaleLeft
101  oldyy = Form1.Picture2.ScaleHeight / 2 - yyt * zzt
102  Form1.Picture2.CurrentX = oldxx
103  Form1.Picture2.CurrentY = oldyy
104  If yyt <> 0 And yyt <> -2 Then
105  Form1.Picture2.Print (5 + 2.5 * yyt)
106  End If
107  Form1.Picture2.Line (oldxx, oldyy)-(oldxx + 50, oldyy), vbBlack
108  Next
109  XX = XX + space
110  If XX >= Form1.Picture2.Width Then
111  Form1.Picture2.Refresh   '强制重绘窗体
112  XX = 0
113  End If
114  Form1.Picture2.Line (XX - space, Form1.Picture2.ScaleHeight -
115  100 - lastpda * perlsbpels1)-(XX, Form1.Picture2.ScaleHeight
     - 100 - pda * perlsbpels1), vbGreen
116  lastpda = pda
117  End Sub
```

参 考 文 献

[1] PODLUBNY I. Fractional-order systems and $PI^{\lambda}D^{\mu}$ controllers[J]. IEEE Transactions on Automation Control, 1999, 44(1): 208-214.

[2] 曾庆山, 曹广益, 王振滨. 分数阶 $PI^{\lambda}D^{\mu}$ 控制器的仿真研究[J]. 系统仿真学报, 2004, 16(3): 465-469.

[3] RAYNAUD H F, ZERGAINOH A. State-space representation for fractional order controllers[J]. Automatica, 2000, 36(7): 1017-1021.

[4] ERENTURK K. Fractional-order and active disturbance rejection control of nonlinear two-mass drive system[J]. IEEE Transactions on Industrial Electronics, 2013, 60(9): 3806-3813.

[5] BATTAGLIA J L, BATSALE J C, LE L L, et al. Heat flux estimation through inverted non-integer identification models[J]. International Journal of Thermal Science, 2000, 39(3): 374-389.

[6] REN H P, HUANG X, HAO J. Finding robust adaptation gene regulatory networks using multi-objective genetic algorithm[J]. IEEE/ACM Transactions on Computational Biology and Bioinformatics, 2015, 13(3): 571-577.

[7] REN H P, ZHENG T. Optimization design of power factor correction converter based on genetic algorithm[C]. International Conference on Genetic and Evolutionary Computing, Shenzhen, China, 2010: 293-296.

[8] 郑生荣, 赖家美, 刘国亮. 一种改进的实数编码混合遗传优化算法[J]. 计算机应用, 2006, 26(8): 1959-1962.

[9] YU S Y, KUANG S Q. Convergence and convergence rate analysis of elitist genetic algorithm based on martingale approach[J]. Control Theory and Applications, 2010, 27(7): 843-848.

[10] GUPTA N, SHEKHAR R, KALRA P K. Congestion management based roulette wheel simulation for optimal capacity selection: Probabilistic transmission expansion planning[J]. International Journal of Electrical Power & Energy Systems, 2012, 43(1): 1259-1266.

[11] REN H P, FAN J T, KYANAK O. Optimal design of a fractional order PID controller for a pneumatic position servo system[J]. IEEE Transactions on Industrial Electronics, 2019, 66(8): 6220-6229.

第 5 章　气动位置伺服系统的模型参考自适应控制

5.1　模型参考自适应控制的基本原理

经典自适应控制包括模型参考自适应控制和参数自调整控制[1]，模型参考自适应控制的特点是有一个参考模型，被控对象与参考模型具有相同的输入，参考模型的设计原则是在设计输入的情况下能够得到理想的响应特性，包括调节时间、超调和稳态误差，而自适应控制器的设计目标是使得被控对象的输出能够跟踪参考模型的输出，模型参考自适应控制的优点是根据参数自适应引理得到的参数自适应机制能够保证系统的稳定性，设计理论比较完善。参数自调整控制没有参考模型，直接根据系统实际输出与期望输出的误差进行参数调节和保证系统的稳定性。

图 5.1 所示是模型参考自适应控制算法结构，模型参考自适应控制算法的基本思想是设置一个参考模型，要求这个参考模型能够满足系统的性能指标要求，使系统在运行过程中的动态响应与参考模型的动态响应相一致（状态一致或输出一致）。当系统输出与参考模型输出存在误差时，能够根据误差信号调整控制器参数，使系统输出与参考模型输出的误差逐步减小，最终实现系统对于参考模型的跟踪。可见，模型参考自适应控制系统有两个闭环，一个是自适应控制器控制被控对象的闭环（内环控制）；另一个是对象的实际输出与参考模型在相同输入情况下得到输出的误差、参考模型的输入，被控对象的输入作为输入的参数自适应机制，用来调制控制器参数从而保证控制系统稳定。

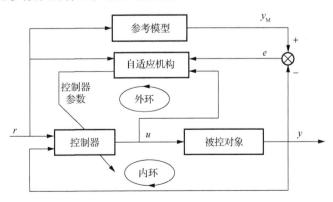

图 5.1　模型参考自适应控制算法结构[2]

5.2　模型参考自适应控制器设计

由于实际系统采用计算机控制，本章采用离散时间的模型参考自适应控制算法。

5.2.1　离散时间的模型参考自适应控制算法

忽略伺服阀特性，气动位置伺服系统在控制过程中可以将系统近似为三阶线性模型。此处假设气动位置伺服系统的离散时间模型的表达式如下[3-6]：

$$y(k) = \frac{z^{-2} \cdot B(z^{-1})}{A(z^{-1})} u(k) \tag{5.1}$$

式中，

$$\begin{cases} A(z^{-1}) = 1 + a_1 z^{-1} + a_2 z^{-2} + a_3 z^{-3} \\ B(z^{-1}) = b_0 + b_1 z^{-1} + b_2 z^{-2}, \quad b_0 \neq 0 \end{cases} \tag{5.2}$$

$u(k)$ 和 $y(k)$ 分别为系统的输入信号和输出信号。

在这里选取如下参考模型：

$$y_M(k) = \frac{z^{-2} \cdot B_M(z^{-1})}{A_M(z^{-1})} r(k) \tag{5.3}$$

$$\begin{cases} A_M(z^{-1}) = 1 + a_{M1} z^{-1} + a_{M2} z^{-2} \\ B_M(z^{-1}) = b_{M0} + b_{M1} z^{-1} \end{cases} \tag{5.4}$$

式中，$r(k)$ 为参考模型输入；$A_M(z^{-1})$ 为渐近稳定的多项式。

对式（5.1）所示系统采用如下控制器：

$$\begin{aligned} u(k) = {} & \frac{1}{b_0} \Big[B_M(z^{-1}) r(k) - S_0 y(k) - S_1 y(k-1) - S_2 y(k-2) - S_3 y(k-3) \Big] \\ & - \frac{1}{b_0} \Big[\beta_1 u(k-1) + \beta_2 u(k-2) + \beta_3 u(k-3) + \beta_4 u(k-4) \Big] \end{aligned} \tag{5.5}$$

式中，

$$
\begin{cases}
\beta_1 = b_1 + b_0 r_1 - b_0 \\
\beta_2 = b_2 + b_1 r_1 - b_1 - b_0 r_1 \\
\beta_3 = b_2 r_1 - b_2 - b_1 r \\
\beta_4 = -b_2 r_1
\end{cases}
\qquad
\begin{cases}
S_0 = a_{M2} - a_2 - a_1 r_1 + a_1 + r_1 \\
S_1 = -a_3 - a_2 r_1 + a_2 + a_1 r_1 \\
S_2 = a_3 - a_3 r_1 + a_2 r_1 \\
S_3 = a_3 r_1 \\
r_1 = a_{M1} - a_1 + 1
\end{cases}
\tag{5.6}
$$

将控制器式（5.5）、式（5.6）代入系统式（5.1），则被控系统变为

$$
y(k+2) = -a_{M1} y(k+1) - a_{M2} y(k) + b_{M0} r(k) + b_{M1} r(k-1)
\tag{5.7}
$$

显然，被控系统与期望闭环特性相同，即系统式（5.1）在控制器式（5.5）和式（5.6）的作用下，系统性能与期望性能相同，可以使被控对象与参考模型一致。

可以看出控制器式（5.5）中只包含过去的输出和控制，如果系统参数 a_1、a_2、a_3、b_0、b_1、b_2 已知，则被控对象应该能够准确跟踪期望特性。但是对于气动系统，其模型参数很难获得，因此如果模型参数 a_1、a_2、a_3、b_0、b_1、b_2 未知，则用其估计值 $\hat{a}_1$、$\hat{a}_2$、$\hat{a}_3$、$\hat{b}_0$、$\hat{b}_1$、$\hat{b}_2$ 代替。控制信号可以改写为如下形式：

$$
u(k) = \frac{1}{\hat{b}_0(k)} \Big[B_M(z^{-1}) r(k) - \hat{S}_0(k) y(k) - \hat{S}_1 y(k-1) - \hat{S}_2(k) y(k-2) - \hat{S}_3(k) y(k-3) \Big]
$$

$$
- \frac{1}{\hat{b}_0(k)} \Big[\hat{\beta}_1(k) u(k-1) + \hat{\beta}_2(k) u(k-2) + \hat{\beta}_3(k) u(k-3) + \hat{\beta}_4(k) u(k-4) \Big]
\tag{5.8}
$$

可以采用系统辨识的方法对控制参数（系统参数）进行辨识，从而实现对系统的控制。

5.2.2　模型参数辨识

在模型参数辨识阶段，可采用递推最小二乘参数辨识算法。递推算法的基本思想可以概括成：新的估计值 $\hat{\theta}(k)$ =老的估计值 $\hat{\theta}(k-1)$ +修正项，新的估计值 $\hat{\theta}(k)$ 是在老的估计值 $\hat{\theta}(k-1)$ 的基础上修正而成[7]。

将系统的离散时间模型描述为

$$
y(k) = \theta^{T} \xi(k)
\tag{5.9}
$$

式中，

$$
\begin{cases}
\theta = [a_1, a_2, a_3, b_0, b_1, b_2]^{T} \\
\xi(k) = [-y(k-1), -y(k-2), -y(k-3), u(k-2), u(k-3), u(k-4)]^{T}
\end{cases}
\tag{5.10}
$$

辨识的模型为

$$\hat{y}(k) = \hat{\theta}^{\mathrm{T}}(k)\xi(k) \tag{5.11}$$

式中，$\hat{\theta}(k)$ 为 θ 的估计值，即

$$\hat{\theta}(k) = \left[\hat{a}_1(k), \hat{a}_2(k), \hat{a}_3(k), \hat{b}_0(k), \hat{b}_1(k), \hat{b}_2(k)\right]^{\mathrm{T}}$$

辨识误差：

$$\varepsilon(k) = \hat{y}(k) - y(k) = \hat{\theta}^{\mathrm{T}}(k)\xi(k) - y(k) \tag{5.12}$$

根据迭代最小二乘辨识方法，得到参数辨识公式如下：

$$\begin{cases} \hat{\theta}(k) = \hat{\theta}(k-1) - K(k)\left[\xi^{\mathrm{T}}(k)\hat{\theta}(k-1) - y(k)\right] \\ K(k) = \dfrac{P(k-1)\xi(k)}{1 + \xi^{\mathrm{T}}(k)P(k-1)\xi(k)} \\ P(k) = \left[I - K(k)\xi^{\mathrm{T}}(k)\right]P(k-1) \end{cases} \tag{5.13}$$

从式（5.9）可以看出，k 时刻的参数估计值 $\hat{\theta}(k)$ 等于 $(k-1)$ 时刻的参数估计值 $\hat{\theta}(k-1)$ 加上修正项，修正项正比于 k 时刻的新息 $\xi^{\mathrm{T}}(k)\hat{\theta}(k-1) - y(k)$，$K(k)$ 是向量，与待辨识参数向量同维。$P(k)$ 是对称矩阵，其维数与待辨识参数个数相同，I 为单位方阵，其维数与 $P(k)$ 相同，迭代初值 $P(0) = a^2 I$，a 为充分大的实数。$\hat{\theta}(0) = \gamma$，γ 为充分小的实向量，与 $\hat{\theta}(k)$ 同维。

通过上述方法辨识出系统的模型参数，得到系统的控制方法，可以实现对于系统的实时控制。

5.3　摩擦力学习补偿

由第 2 章得到的系统数学模型可知，系统的库仑摩擦是一个不可线性化的非线性因素。若系统跟踪连续给定信号，当给定的方向发生变化时，库仑摩擦和静摩擦将使得跟踪误差增大。因此，要得到较好的跟踪效果，必须对摩擦力进行补偿。

5.3.1　气动位置伺服系统的学习补偿控制

当期望输出方向发生改变时，在比例阀的控制量上直接给出一个反向的控制量，使阀迅速动作，控制气缸两腔产生一个反向的压力差，补偿静摩擦的影响，使滑块尽快产生反向运动，进入线性区，在线性区内再切换成自适应控制器输出，从而减小跟踪误差，具体按以下方法进行[6]。

在期望输出的波峰处，补偿控制开始起作用，在 Δt 时间内，采用 $U_{\text{o}}\_\text{crest}^{n}(k_{t})$ 进行控制；同样在期望输出的波谷处，补偿控制作用时间仍为 Δt，补偿量的大小为 $U_{\text{o}}\_\text{through}^{n}(k_{t})$，其中 k_{t} 表示补偿时段内的采样时刻，n 表示波峰或波谷出现的次序，在期望输出的波峰与波谷处采用不同的补偿控制。

定义第 n 次波峰补偿期间 Δt 时间内的累计跟踪误差为

$$\text{Sum}\_\text{Err}\_\text{crest}^{n} = \sum_{k_{t}=0}^{\Delta t} \left| \text{Err}\_\text{crest}^{n}(k_{t}) \right| \tag{5.14}$$

式中，$\text{Err}\_\text{crest}^{n}(k_{t}) = y_{\text{d}}(k_{t}) - y(k_{t})$ 为第 n 次波峰处；k_{t} 为采样时刻对应的跟踪误差。

定义第 n 次波谷补偿期间 Δt 时间内的累计跟踪误差为

$$\text{Sum}\_\text{Err}\_\text{through}^{n} = \sum_{k_{t}=0}^{\Delta t} \left| \text{Err}\_\text{through}^{n}(k_{t}) \right| \tag{5.15}$$

式中，$\text{Err}\_\text{through}^{n}(k_{t}) = y_{\text{d}}(k_{t}) - y(k_{t})$ 为第 n 次波谷处；k_{t} 为采样时刻对应的误差。则第 $n+1$ 次波峰的补偿控制量为

$$U_{\text{o}}\_\text{crest}^{n+1}(k_{t}) = \begin{cases} U_{\text{o}}\_\text{crest}^{n}(k_{t}) + k_{\text{crest}} \cdot \text{Err}\_\text{crest}^{n}(k_{t}), & \text{Sum}\_\text{Err}\_\text{crest}^{n} > \text{Err}_{\Sigma\text{crest}} \\ U_{\text{o}}\_\text{crest}^{n}(k_{t}), & \text{Sum}\_\text{Err}\_\text{crest}^{n} \leqslant \text{Err}_{\Sigma\text{crest}} \end{cases}$$

$$\tag{5.16}$$

式中，k_{crest} 为波峰补偿学习增益；$\text{Err}_{\Sigma\text{crest}}$ 为设定的波峰跟踪误差阈值，该阈值为正实数。则第 $n+1$ 次波谷的补偿控制量为

$$U_{\text{o}}\_\text{through}^{n+1}(k_{t}) = \begin{cases} U_{\text{o}}\_\text{through}^{n}(k_{t}) + k_{\text{through}} \cdot \text{Err}\_\text{through}^{n}(k_{t}), \\ \qquad\qquad\qquad \text{Sum}\_\text{Err}\_\text{through}^{n} > \text{Err}_{\Sigma\text{through}} \\ U_{\text{o}}\_\text{through}^{n}(k_{t}), \qquad\quad \text{Sum}\_\text{Err}\_\text{through}^{n} \leqslant \text{Err}_{\Sigma\text{through}} \end{cases}$$

$$\tag{5.17}$$

式中，k_{through} 为波谷补偿学习增益；$\text{Err}_{\Sigma\text{through}}$ 为设定的波谷跟踪误差阈值，该阈值为正实数。

在固定的补偿时间 Δt 内，随着一个个波峰和波谷的到来，根据上述方法对第 $n+1$ 次波峰和第 $n+1$ 次波谷的补偿控制量进行不断学习，得到最后的补偿量，使得补偿期间内的跟踪误差小于要求阈值，补偿时间 Δt 调节为能够使滑块产生反向速度的补偿时间。

5.3.2　学习补偿控制与自适应控制的切换

当滑块已经产生反向速度时，切换回常规控制方法，为了保证切换的平稳性，采用如下方法实现平滑切换[8]：

$$U(k_s)=\left[1-\alpha(k_s)\right]\Delta U+\alpha(k_s)u(k) \tag{5.18}$$

$$\alpha(k_s+1)=\alpha(k_s)+1/N_s,\quad \alpha(0)=0 \tag{5.19}$$

式中，k_s 为切换过程的采样时刻，$k_s=0,1,2,\cdots,N_s$；N_s 为切换过程长度；$\alpha(k_s)$ 为补偿控制和常规控制的加权系数；ΔU 为补偿控制结束时刻的补偿控制量；$u(k)$ 为对应过渡过程 k_s 时刻的常规控制给出的控制量。

由切换过程描述表达式（5.18）和式（5.19）可见，切换过程先在学习控制得到控制量的基础上逐步减小学习控制量的权值，直到 N_s 时刻补偿控制的结果完全不起作用，而由此时的自适应控制器输出起决定作用。这样可以保证控制过程中的平滑切换，这里 N_s 不宜过大。

5.4　气动位置伺服系统位置跟踪实验

本章给出的参考模型如下：

$$y_\text{M}(k)=-a_\text{M1}y_\text{M}(k-1)-a_\text{M2}y_\text{M}(k-2)+b_\text{M0}r(k-1)+b_\text{M1}r(k-2) \tag{5.20}$$

实际选取如下参数：$a_\text{M1}=-0.8811$，$a_\text{M2}=0.0003355$，$b_\text{M0}=0.1048$，$b_\text{M1}=0.01439$，可以计算出参考模型的极点 $\lambda_1=0.7568$，$\lambda_2=0.0195$，位于单位圆内，系统为稳定系统，可以作为参考模型。参数估计的初始值取为 $\hat{\theta}(0)=[0,0,0,0.01,0,0]^\text{T}$，$P(0)=10^4I$。

5.4.1　系统程序主框架

控制程序主要包括：系统初始化、变量赋初值、系统辨识、控制器控制算法、控制值输出等。

　　通过控制算法的操作界面选择输入信号，设置输入信号的幅值及周期等参数，输入期望的上下误差阈值，设置波形显示周期。图 5.2 为带摩擦补偿的自适应控制程序流程图，在程序开始运行时，默认采用自适应控制，检测是否到达期望输出的上下转向点。若到达上下转向点，则开始按照 5.3.1 小节的补偿算法对非线性进行补偿，待补偿时间到后，按照 5.3.2 小节的算法实现学习补偿控制与自适应控制的切换。在程序的具体实现过程中，对系统进行非线性补偿时，由于此时系统表现为很强的非线性，已经不能近似为线性系统，如果在非线性补偿过程中仍然采用线性辨识方法对系统进行辨识，必然导致辨识参数的大变化。因此在对非线性的补偿过程中，只进行参数辨识数据（系数矩阵和观测矩阵数据）的更新，不再进行参数更新。只有在切换过程结束时，才开始参数更新。

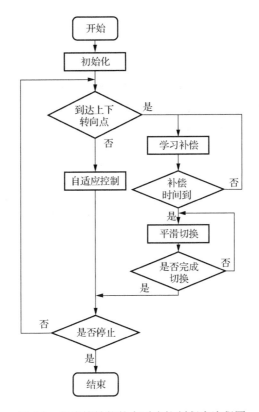

图 5.2　带摩擦补偿的自适应控制程序流程图

5.4.2　实验结果

　　采用本章提出的控制方法对正弦信号进行轨迹跟踪，图 5.3 是不加入补偿的正弦信号跟踪效果图，图 5.4 是加入补偿的正弦信号跟踪效果图。

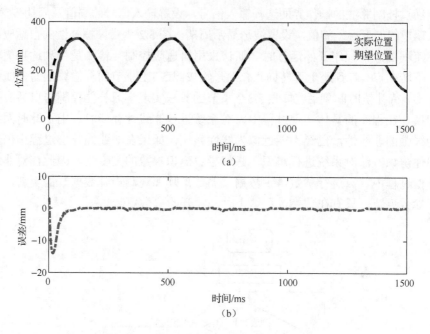

图 5.3 不加入补偿的正弦信号跟踪效果图

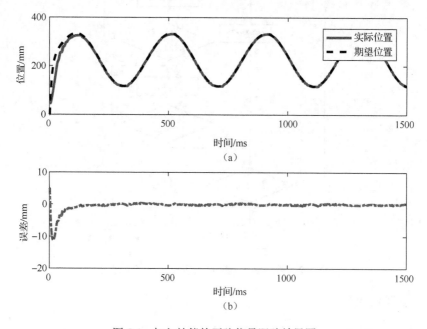

图 5.4 加入补偿的正弦信号跟踪效果图

与参考信号是正弦信号的处理相同，分别采用本章提出的方法得到补偿前后方波信号的跟踪效果如图 5.5、图 5.6 所示。

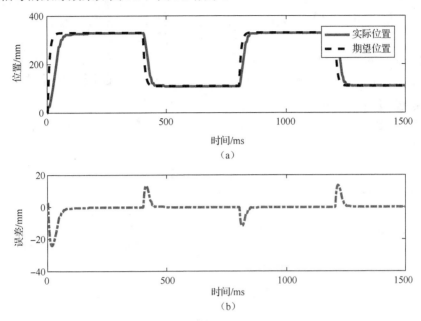

图 5.5　补偿前方波信号的跟踪效果图

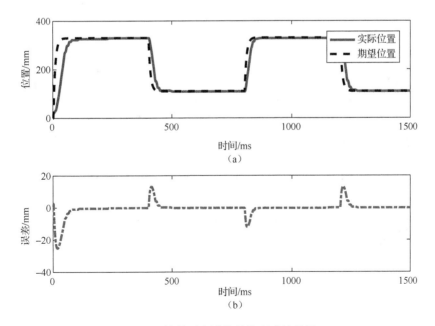

图 5.6　补偿后方波信号的跟踪效果图

为了定量地比较各方法对正弦信号和方波信号的跟踪效果，引入 RMSE 并定义平均绝对误差 MAE（单位：mm）如下：

$$\text{MAE} = \frac{1}{N_2 - N_1 + 1} \sum_{k=N_1}^{N_2} |e_k| \tag{5.21}$$

式中，N_1 为采样开始时刻；N_2 为采样结束时刻；$e_k = y_d(k\Delta t) - y(k\Delta t)$ 为 k 时刻的误差，$y_d(k\Delta t)$ 为 k 时刻的期望位置，$y(k\Delta t)$ 为 k 时刻的系统实际位置。

可见，加入学习补偿后的响应在期望输出方向发生变化时，实际输出与期望输出基本一致，得到了很好的补偿效果。正弦信号跟踪误差分析如表 5.1 所示，方波信号跟踪误差分析如表 5.2 所示。

表 5.1　正弦信号跟踪误差分析

方法	指标	最大值	平均值
不加补偿	RMSE/mm	2.5197	1.6161
	MAE/mm	1.8499	1.2033
加补偿	RMSE/mm	1.8544	1.3804
	MAE/mm	1.4692	1.0048

表 5.2　方波信号跟踪误差分析

方法	指标	最大值	平均值
不加补偿	RMSE/mm	19.5883	19.4840
	MAE/mm	5.1715	5.0830
加补偿	RMSE/mm	19.8864	19.2421
	MAE/mm	4.9996	4.9080

对比正弦信号和方波信号的跟踪误差可见，该学习补偿控制与自适应控制对前者的补偿作用更加明显。

5.5　实　验　程　序

实验程序包括：自适应控制程序、参考模型输出程序、输入系统的自适应控制程序、控制量平滑切换程序、滤波&限幅程序（参见例程 4-8）。

1）例程 5-1　自适应控制程序

```
1    '========自适应控制程序
2    Sub Adaptive_Control()
3    count = count + 1
4    turnflag = turnflag + 1
```

```
5    If Form1.Option1.Value = True Then              '阶跃输入
6    Rin = 2048 + Form1.Text2.Text
7    '正弦波输入
8    ElseIf Form1.Option3.Value = True Then                 '方波输入
9    wavecrest = Form1.Text6.Text
10   wavethrough = Form1.Text10.Text
11   If turnflag > Form1.Text5.Text * 50 Then
12   Rin = IIf(Rin = wavecrest, wavethrough, wavecrest)
13   turnflag = 0
14   End If
15   End If
16   NumBack = PCI2306_ReadDevOneAD(hDevice, adchanneL)
17   bb = Form1.Text12.Text
18   r(3) = Rin
19   y(3) = NumBack
20   error = ym(3) - y(3)
```

2）例程 5-2 参考模型输出程序

```
1    '========参考模型输出
2    yyy = ym(3)
3    'ym(3) = -am1 * ym(k-1) - am2 * ym(k-2)-am3*y(k-3) + bm0 * r(k-1)
4    + bm1 * r(k-2)+bm3 * r(k-3)    '参考信号
5    'bm0 = 0.1048  bm1 = 0.01439   am1 = -0.8811   am2 = 0.0003355
     am3=0
6    ym(3) = 0.8811 * ym(2) - 0.0003355 * ym(1) + 0.1048 * r(2) +
     0.01439 * r(1)   '参考信号
7    '=====================最小二乘辨识
8    'thta(k)=[aa1(k) aa2(k) aa3(k) bb0(k) bb1(k) bb2(k)]'
9    'Xi(k)=[-y(k-1) -y(k-2) -y(k-3) u(k-1) u(k-2) u(k-3)]'
10   '辨识误差 epsilon=thta'(k)*Xi(k)-y(k)
11   '在程序中 y(3) 代表 y(k)，相应的 y(2) 代表 y(k-1)，y(1) 代表 y(k-2)，y(0)
     代表 y(k-3)
12   '同样 u(3) 代表 u(k)，相应的 u(2) 代表 u(k-1)，u(1) 代表 u(k-2)，u(0)
     代表 u(k-3)
13   yy = last_aa1 * (-y(2)) + last_aa2 * (-y(1)) + last_aa3 * (-y(0))
14   + last_bb0 * u(2) + last_bb1 * u(1) + last_bb2 * u(0)
15   epsilon = yy - y(3)    '辨识误差
16   rbm = 0.1048 * r(3) + 0.01439 * r(2)
17   rr1 = -0.8811 - aa1 + 1
18   beta1 = bb1 + bb0 * rr1 - bb0
19   beta2 = bb2 + bb1 * rr1 - bb1 - bb0 * rr1
20   beta3 = bb2 * rr1 - bb2 - bb1 * rr1
21   ss0 = 0.0003355 - aa2 - aa1 * rr1 + aa1 + rr1
22   ss1 = -aa3 - aa2 * rr1 + aa2 + aa1 * rr1
23   ss2 = -am3 * rr1 + aa3 + aa2 * rr1
```

```
24  ss3 = aa3 * rr1
25  '================计算 u(k)
26  u(3) = (rbm - beta1 * u(2) - beta2 * u(1) - beta3 * u(0) - ss0
27  * y(3) - ss1 * y(2) - ss2 * y(1) - ss3 * y(0)) / bb0
```

3）例程 5-3 输入系统的自适应控制程序

```
1   '======输入系统的自适应控制
2   Uo_adaptive = u(3) + 2110
3   Uo = Uo_adaptive            '自适应控制
4   ''====================控制误差 e
5   e = ym(3) - y(3)
6   ''====================自动检测转折点加入学习补偿
7   If ym(2) > ym(3) And ym(2) > ym(1) And ym(2) > ym(0) Then
8   Uo_crest_Flag = 0            '上转折点的标识符，在初始化时赋值为 1，
9   当检测到达上转折点时赋值为 0
10  Err_crest_Flag = 0 '波峰的误差记录标识符，在初始化时赋值为 1，在检
11  测到达上转折点时，将标识符赋值为 0，准备开始记录误差
12  Adaptive_Flag = 0
13  ElseIf ym(2) < ym(3) And ym(2) < ym(1) And ym(2) < ym(0) Then
14  Uo_through_Flag = 0    '下转折点的标识符，与 Uo_crest_Flag 意义相同
15  Err_through_Flag = 0 '波谷的误差记录标识符，与 Err_crest_Flag 意
    义相同
16  Adaptive_Flag = 0
17  End If
```

4）例程 5-4 控制量平滑切换程序

```
1   ''======上补偿位置的平滑切换
2   If Uo_crest_Flag = 0 Then
3   c1 = c1 + 1
4   If c1 < 10 Then
5   If S_Err_crest > Form1.Text7.Text Then
6   Uo_crest(c1) = Uo_crest(c1) + 0.4 * Err_crest(c1)
7   ElseIf S_Err_crest <= Form1.Text7.Text Then
8   Uo_crest(c1) = Uo_crest(c1)
9   End If
10  Uo = Uo_crest(c1)
11  End If
12  If c1 >= 10 And c1 < 20 Then
13  c3 = c3 + 0.1
14  Adaptive_Flag = 1
15  Uo = Uo_adaptive * c3 + (1 - c3) * Uo_crest(9)
16  End If
17  End If
18  If c1 >= 20 Then
19  c1 = 0
```

```
20   Uo_crest_Flag = 1
21   c3 = 0
22   End If
23   ''=====================下补偿位置的平滑切换
24   If Uo_through_Flag = 0 Then
25   c2 = c2 + 1
26   If c2 < 10 Then
27   If S_Err_through > Form1.Text14.Text Then
28   Uo_through(c2) = Uo_through(c2) + 0.5 * Err_through(c2)
29   ElseIf S_Err_through <= Form1.Text14.Text Then
30   Uo_through(c2) = Uo_through(c2)
31   End If
32   Uo = Uo_through(c2)
33   End If
34   If c2 >= 10 And c2 < 20 Then
35   Adaptive_Flag = 1
36   c4 = c4 + 0.1
37   Uo = Uo_adaptive * c4 + (1 - c4) * Uo_through(9)
38   End If
39   End If
40   If c2 >= 20 Then
41   c2 = 0
42   Uo_through_Flag = 1
43   c4 = 0
44   End If
45   ''=====================待补偿点误差的存储
46   ''============上补偿点
47   If Err_crest_Flag = 0 Then              '当检测到波峰的误差记录标识符
48   为 0，开始记录误差
49   c5 = c5 + 1
50   If c5 < 10 Then       '由于每次对到达转折点后的 10 个采样周期的控制量进
51   行补偿，在这里存储转折点后 20 个采样周期的误差值
52   Sum_Err_crest = Sum_Err_crest + Abs(error)
53   Err_crest(c5) = error
54   End If
55   End If
56   If c5 >= 10 Then   '当存储的误差值够 20 个了，将计数器 c5 赋值为 0、波
57   峰的误差记录标识符赋值为 1，便于下次记录数据
58   c5 = 0
59   Err_crest_Flag = 1
60   S_Err_crest = Sum_Err_crest
61   Sum_Err_crest = 0
62   Open "c.txt" For Append As #1
63   Write #1, S_Err_crest
64   Close #1
65   End If
```

```
66    ''==============下补偿点
67    If Err_through_Flag = 0 Then              '当检测到波谷的误差记录标识符
68    为 0，开始记录误差
69    c6 = c6 + 1
70    If c6 < 10 Then    '由于每次对到达转折点后的 10 个采样周期的控制量进行
71    补偿，在这里存储转折点后 20 个采样周期的误差值
72    Sum_Err_through = Sum_Err_through + Abs(error)
73    Err_through(c6) = error
74    End If
75    End If
76    If c6 >= 10 Then    '当存储的误差值够 20 个了，将计数器 c6 赋值为 0、波
77    谷的误差记录标识符赋值为 1，便于下次记录数据
78    c6 = 0
79    Err_through_Flag = 1
80    S_Err_through = Sum_Err_through
81    Sum_Err_through = 0
82    Open "t.txt" For Append As #2
83    Write #2, S_Err_through
84    Close #2
85    End If
86    '==========================补偿结束后自适应控制的加入
87    If Uo_crest_Flag = 1 And Uo_through_Flag = 1 Then  '当上下转向
88    点的标识符同时为 1 时，判断此时不在上下转向点的位置，因此将自适应控制量
      加入系统
89    Uo = Uo_adaptive
90    End If
```

参 考 文 献

[1] SLOTINE J J E, LI W P. 应用非线性控制[M]. 程代展, 译. 北京: 机械工业出版社, 2006.

[2] 庞中华, 崔红. 系统辨识与自适应控制 MATLAB 仿真[M]. 北京: 北京航空航天大学出版社, 2009.

[3] LI J, MIZUKAMI Y, WAKASA Y. Intelligent control for pneumatic servo system[C]. SICE Annual Conference, Fukui, Japan, 2003, 3: 3193-3198.

[4] TANAKA K, SAKAMOTO M, SAKOU T, et al. Improved design scheme of MRAC for electro-pneumatic servo system with additive external forces[C]. IEEE Conference on Emerging Technologies and Factory Automation, Kauai, HI, USA, 1996, 2: 763-769.

[5] NARENDRA K, LIN Y H. Stable discrete adaptive control[J]. IEEE Transactions on Automatic Control, 1980, 25（3）: 456-461.

[6] 王婷. 气动位置伺服系统的高精度控制方法研究[D]. 西安: 西安理工大学, 2011.

[7] 方崇智, 萧德云. 过程辨识[M]. 北京: 清华大学出版社, 1988.

[8] 任海鹏, 王婷. 气动伺服系统中摩擦的自适应补偿方法: 201010552093.x[P]. 2012-07-04.

第6章 气动位置伺服系统的反步
自适应控制

6.1 反步控制方法简介

非线性系统控制器最初通常在微偏线性化或反馈线性化基础上采用线性系统方法，如极点配置、内模控制等，设计"非线性"控制器，但是这种"非线性"控制器先天不足，主要体现在：基于微偏线性化得到的控制器，当系统偏离工作点时，参数发生变化，性能变差[1]；对于强非线性系统则无法进行微偏线性化。当需要精确抵消的非线性结构或参数不准确时，基于反馈线性化的方法控制性能自然下降甚至不稳定。因此，反馈线性化通常与变结构控制相结合以提高鲁棒性[2]。上述这些都不是真正意义上的非线性系统控制方法。反步控制设计方法是针对非线性系统的一般设计方法，其基本思路：首先将复杂的高阶非线性系统分解为不高于系统阶次的子系统（一般为一阶系统），其次对于每个子系统构造部分Lyapunov函数和中间的虚拟控制量[3]，一步步"后退"到整个系统，最后将它们集成起来完成整个系统的控制律设计。这样将整体基于Lyapunov理论直接设计控制器存在的困难分解开来，形成了一个设计的统一框架，对于非线性系统的控制器设计具有重要意义。

6.1.1 反步控制的基本原理

反步控制法从高阶非线性系统的内核 （一般是系统的输出满足的动态方程）开始设计虚拟控制器，从而保证内核系统的某种性能，如稳定性等。然后对第二个子系统同样设计虚拟控制律，一步一步反向设计，进而设计出控制器，实现系统的全局调节或跟踪，使系统达到预期的性能指标[2]。反步控制器的设计流程如图6.1所示。

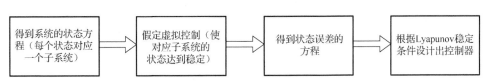

图6.1 反步控制器的设计流程示意图

6.1.2 反步控制器的设计方法

考虑如下系统[3]：

$$\begin{cases} \dot{x}_k = x_{k+1} + \varphi_k(x_1, x_2, \cdots, x_k), & 1 \leq k \leq n-1 \\ \dot{x}_n = u + \varphi_n(x_1, x_2, \cdots, x_n) \\ y = x_1 \end{cases} \tag{6.1}$$

式中，x_k 为状态变量；$\varphi_k(x_1, x_2, \cdots, x_k)$ 为关于状态的函数。假设每个子系统 $\dot{x}_k = x_{k+1} + \varphi_k(x_1, x_2, \cdots, x_k)$ 中的 x_{k+1} 为虚拟输入，选择适当的虚拟控制形式 $x_{k+1} = \alpha_k$，使该子系统稳定，虚拟控制采用误差反馈的形式，因此重新定义误差如下[4, 5]：

$$\begin{cases} z_1 = x_1 - y_d \\ z_2 = x_2 - \alpha_1(x_1) \\ \vdots \\ z_n = x_n - \alpha_{n-1}(x_1, \cdots, x_{n-1}) \end{cases} \tag{6.2}$$

第一步：设计第一个虚拟控制 α_1，使跟踪误差 z_1 趋近 0，具体方法是令

$$\alpha_1 = -c_1 z_1 + \dot{y}_d - \varphi_1 \tag{6.3}$$

对应的 Lyapunov 函数为

$$V_1 = \frac{1}{2} z_1^2 \tag{6.4}$$

于是有

$$\dot{z}_1 = -c_1 z_1 + z_2 \tag{6.5}$$

$$\dot{V}_1 = z_1 \dot{z}_1 = -c_1 z_1^2 + z_1 z_2 \tag{6.6}$$

可见如果 $z_2 = 0$，则跟踪误差 z_1 在原点处渐近稳定。

第二步：设计第二个虚拟控制 α_2，使 z_2 趋近 0，具体的方法是令

$$\alpha_2 = -z_1 - c_2 z_2 - \varphi_2 + \frac{\partial \alpha_1}{\partial x_1} \varphi_1 + \frac{\partial \alpha_1}{\partial x_1} x_2 + \frac{\partial \alpha_1}{\partial y_d} \dot{y}_d + \frac{\partial \alpha_1}{\partial \dot{y}_d} \ddot{y}_d \tag{6.7}$$

对应的 Lyapunov 函数为

$$V_2 = V_1 + \frac{1}{2} z_2^2 \tag{6.8}$$

于是可以得到第二个子系统的状态方程为

$$\dot{z}_2 = -z_1 - c_2 z_2 + z_3 \tag{6.9}$$

对应的

$$\dot{V}_2 = -c_1 z_1^2 - c_2 z_2^2 + z_2 z_3 \tag{6.10}$$

由式（6.9）、式（6.10）可知，如果 $z_3 = 0$，则 z_1 和 z_2 都渐近稳定，接下来再设计 $\alpha_i, i = 3, 4, \cdots, n-1$ 使误差变量依次渐近稳定到 0。具体方法如下。

第 i 步：分别取

$$\alpha_i = -z_{i-1} - c_i z_i - \varphi_i + \sum_{j=1}^{i-1} \frac{\partial \alpha_{i-1}}{x_j} \varphi_j + \sum_{j=1}^{i-1} \frac{\partial \alpha_{i-1}}{x_j} x_{j+1} + \sum_{j=1}^{i} \frac{\partial \alpha_{i-1}}{y_d^{(j)}} y_d^{(j+1)} \quad (6.11)$$

$$V_i = V_{i-1} + \frac{1}{2} z_i^2 \quad (6.12)$$

此时，可以得到

$$\dot{z}_i = -z_{i-1} - c_i z_i + z_{i+1} \quad (6.13)$$

$$\dot{V}_i = -\sum_{j=1}^{i} c_j z_j^2 + z_i z_{i+1} \quad (6.14)$$

同理，如果 $z_{i+1}=0$ ，则 $z_1, z_2, \cdots, z_i$ 都渐近稳定到坐标原点。

第 n 步：设计实际系统的真实控制量。

设计实际的控制量为

$$u = -z_{n-1} - c_n z_n - \varphi_n + \sum_{j=1}^{n-1} \frac{\partial \alpha_{n-1}}{x_j} \varphi_j + \sum_{j=1}^{n-1} \frac{\partial \alpha_{n-1}}{x_j} x_{j+1} + \sum_{j=1}^{n} \frac{\partial \alpha_{n-1}}{y_d^{(j)}} y_d^{(j+1)} \quad (6.15)$$

对应地构造第 n 个 Lyapunov 函数为

$$V_n = V_{n-1} + \frac{1}{2} z_n^2 \quad (6.16)$$

于是可以得到

$$\dot{z}_n = -z_{n-1} - c_n z_n \quad (6.17)$$

同时，得到第 n 个 Lyapunov 函数的导数为

$$\dot{V}_n = -\sum_{j=1}^{n} c_j z_j^2 \quad (6.18)$$

式中， $c_j > 0, j = 1, 2, \cdots, n$ ，为设计参数。

可见最终的控制器式（6.15）能够保证整个系统的稳定性，实现系统输出对跟踪目标 y_d 的跟踪控制。当控制系统中存在未知参数时，上述设计将无法实现，必须辨识系统参数或者进行参数自适应调整。参数自适应调节时可以把参数误差的二次项作为候选 Lyapunov 函数中的项，从而得到满足稳定条件的参数自适应规律。6.2 节中将针对气动系统的未知参数，设计自适应参数调节方法，实现气动系统的反步自适应控制。

6.2　气动位置伺服系统反步自适应控制方法 1

如第 2 章所述，气动位置伺服系统可线性化为式（6.19）的三阶系统，针对该系统设计反步自适应控制器，控制目标[6]是使系统输出 y 跟踪参考输入 y_d 。

三阶线性化系统（2.12）忽略扰动可以表示为

$$\begin{cases} \dot{x}_1 = x_2 \\ \dot{x}_2 = x_3 \\ \dot{x}_3 = bu + \Phi^{\mathrm{T}}(x)A \\ y = x_1 \end{cases} \tag{6.19}$$

式中，$\Phi^{\mathrm{T}}(x) = [x_1 \ x_2 \ x_3]$ 为状态；$A = [a_1 \ a_2 \ a_3]^{\mathrm{T}}$ 和 b 为未知的系统参数，但是 b 的符号（控制方向）是已知的。

首先，可以定义虚拟控制 $\alpha_i, i = 1,2$ 和如下误差变量 $z_i, i = 1,2,3$：

$$\begin{cases} z_1 = x_1 - y_d \\ z_2 = x_2 - \alpha_1 - \dot{y}_d \\ z_3 = x_3 - \alpha_2 - \ddot{y}_d \end{cases} \tag{6.20}$$

得到误差系统为

$$\begin{cases} \dot{z}_1 = z_2 + \alpha_1 \\ \dot{z}_2 = z_3 + \alpha_2 - \dot{\alpha}_1 \\ \dot{z}_3 = bu + \Phi^{\mathrm{T}}(x)A - \dot{\alpha}_2 - \dddot{y}_d \end{cases} \tag{6.21}$$

然后，设计控制器。

第一步：对于 z_1 选择 Lyapunov 函数为

$$V_1 = \frac{1}{2}z_1^2 + \frac{1}{2}\tilde{A}^{\mathrm{T}}\Gamma^{-1}\tilde{A} \tag{6.22}$$

可得

$$\dot{V}_1 = z_1\dot{z}_1 - \tilde{A}^{\mathrm{T}}\Gamma^{-1}\dot{\hat{A}} = z_1 z_2 + \alpha_1 z_1 - \tilde{A}^{\mathrm{T}}\Gamma^{-1}\dot{\hat{A}} \tag{6.23}$$

式中，Γ 为一个正定的矩阵；$\tilde{A} = A - \hat{A}$，$\hat{A}$ 为 A 的估计值，A 为常数。

不考虑参数误差，为了满足 Lyapunov 函数的一阶导负定的条件，有虚拟控制：

$$\alpha_1 = -c_1 z_1 \tag{6.24}$$

式中，$c_1 > 0$ 为设计参数。

可得

$$\dot{V}_1 = z_1\dot{z}_1 - \tilde{A}^{\mathrm{T}}\Gamma^{-1}\dot{\hat{A}} = z_1 z_2 - c_1 z_1^2 - \tilde{A}^{\mathrm{T}}\Gamma^{-1}\dot{\hat{A}} \tag{6.25}$$

第二步：对于 z_2 选择 Lyapunov 函数为

$$V_2 = V_1 + \frac{1}{2}z_2^2 \tag{6.26}$$

求导得

$$\begin{aligned} \dot{V}_2 &= \dot{V}_1 + z_2\dot{z}_2 \\ &= -\tilde{A}^{\mathrm{T}}\Gamma^{-1}\dot{\hat{A}} - c_1 z_1^2 + z_1 z_2 + z_2 z_3 + z_2\alpha_2 - z_2\dot{\alpha}_1 \end{aligned} \tag{6.27}$$

不考虑参数误差，根据满足 $\dot{V}_2$ 负定的条件，可以得到虚拟控制为

$$\alpha_2 = -z_1 + \dot{\alpha}_1 - c_2 z_2 \tag{6.28}$$

式中，$c_2 > 0$ 为设计参数。

将式（6.28）代入式（6.27）可以得到

$$\dot{V}_2 = -\tilde{A}^{\mathrm{T}} \varGamma^{-1} \dot{\hat{A}} + z_2 z_3 - c_1 z_1^{\ 2} - c_2 z_2^{\ 2} \tag{6.29}$$

第三步：选择控制量为

$$\begin{cases} u = \hat{p}\bar{u} \\ \bar{u} = \alpha_2 + \ddot{y}_{\mathrm{d}} \\ \dot{\hat{p}} = -\gamma\,\mathrm{sgn}(b)\bar{u}z_3 \\ \dot{\hat{A}} = \varGamma\,\varPhi(x)z_3 \end{cases} \tag{6.30}$$

式中，$\hat{p}$ 为 $p = \dfrac{1}{b}$ 的估计值；参数 $\gamma > 0$。

6.3　气动位置伺服系统反步自适应控制方法 2

由第 2 章系统的模型介绍可知，气动系统可以表示为一个三阶的线性系统，因此对三阶线性系统设计反步自适应控制器，控制目标是使系统输出 y 跟踪参考输入 y_{d}。

三阶线性系统可以表示如下[3]：

$$\begin{cases} \dot{x}_1 = x_2 \\ \dot{x}_2 = x_3 \\ \dot{x}_3 = a_1 x_1 + a_2 x_2 + a_3 x_3 + bu \\ y = x_1 \end{cases} \tag{6.31}$$

式中，a_1、a_2、a_3、b 均为未知的系统参数。

可以定义虚拟控制 $\alpha_i, i = 1, 2$ 和如下误差变量 $z_i, i = 1, 2, 3$：

$$\begin{cases} z_1 = x_1 - y_{\mathrm{d}} \\ z_2 = x_2 - \alpha_1 \\ z_3 = x_3 - \alpha_2 \end{cases} \tag{6.32}$$

将式（6.32）代入系统式（6.31）中得到

$$\begin{cases} \dot{z}_1 = z_2 + \alpha_1 - \dot{x}_{\mathrm{d}} \\ \dot{z}_2 = z_3 + \alpha_2 - \dot{\alpha}_1 \\ \dot{z}_3 = a_1 z_1 + a_1 y_{\mathrm{d}} + a_2 z_2 + a_2 \alpha_1 \\ \qquad + a_3 z_3 + a_3 \alpha_2 + bu - \dot{\alpha}_2 \end{cases} \tag{6.33}$$

　　按照 6.2 节中的反步设计方法，对气动系统进行反步自适应控制器设计，步骤如下。

　　第一步：设计第一个子系统的虚拟控制，构造第一个 Lyapunov 函数为

$$V_1 = \frac{1}{2} z_1^2 \tag{6.34}$$

可得第一个 Lyapunov 函数的一阶导为

$$\dot{V}_1 = z_1 \dot{z}_1 = z_1 z_2 + \alpha_1 z_1 - \dot{y}_d z_1 \tag{6.35}$$

根据 Lyapunov 稳定条件，设计第一个虚拟控制为

$$\alpha_1 = \dot{y}_d - c_1 z_1 \tag{6.36}$$

式中，$c_1 > 0$ 为设计参数。

　　将式（6.36）代入式（6.35）有

$$\dot{V}_1 = z_1 z_2 - c_1 z_1^2 \tag{6.37}$$

如果 $z_2 = 0$，则第一个子系统稳定。

　　第二步：设计第二个子系统的虚拟控制，构造第二个 Lyapunov 函数为

$$V_2 = V_1 + \frac{1}{2} z_2^2 \tag{6.38}$$

可得第二个 Lyapunov 函数的一阶导为

$$\begin{aligned} \dot{V}_2 &= \dot{V}_1 + z_2 \dot{z}_2 \\ &= z_1 z_2 - c_1 z_1^2 + z_2 z_3 + z_2 \alpha_2 - z_2 \dot{\alpha}_1 \end{aligned} \tag{6.39}$$

虚拟控制为

$$\alpha_2 = -z_1 + \dot{\alpha}_1 - c_2 z_2 \tag{6.40}$$

式中，$c_2 > 0$ 为设计参数。

　　将式（6.40）代入式（6.39）得到

$$\dot{V}_2 = z_2 z_3 - c_1 z_1^2 - c_2 z_2^2 \tag{6.41}$$

如果 $z_3 = 0$，则前两个子系统稳定。

　　第三步：设计实际真实的控制量。构造第三个 Lyapunov 函数为

$$V_3 = V_2 + \frac{1}{2} z_3^2 \tag{6.42}$$

因此，第三个 Lyapunov 函数的一阶导为

$$\begin{aligned} \dot{V}_3 &= \dot{V}_2 + z_3 \dot{z}_3 \\ &= -c_2 z_2^2 - c_1 z_1^2 + z_2 z_3 + a_1 z_1 z_3 + a_1 y_d z_3 \\ &\quad + a_2 z_2 z_3 + a_2 \alpha_1 z_3 + a_3 z_3 z_3 + a_3 \alpha_2 z_3 + b u z_3 - \dot{\alpha}_2 z_3 \end{aligned} \tag{6.43}$$

可以得到控制量为

$$u = \frac{1}{b}(-z_2 - a_1 z_1 - a_1 y_d - a_2 z_2 - a_2 \alpha_1 - a_3 \alpha_2 + \dot{\alpha}_2) \tag{6.44}$$

若参数未知，可以用参数的估计值代替未知参数，得到控制量为

$$u = \frac{1}{\hat{b}}(-z_2 - \hat{a}_1 z_1 - \hat{a}_1 y_d - \hat{a}_2 z_2 - \hat{a}_2 \alpha_1 - \hat{a}_3 \alpha_2 + \dot{\alpha}_2) \tag{6.45}$$

式中，$\hat{a}_1$、$\hat{a}_2$、$\hat{a}_3$、$\hat{b}$ 均为系统未知参数的估计值。

未知参数可以通过如下自适应律获得

$$\begin{cases} \dfrac{1}{\hat{b}} = \displaystyle\int (-\lambda) z_1 y_d \mathrm{d}t \\[2mm] \dot{\hat{a}}_1 = -\beta_1 z_1 x_1 \\[2mm] \dot{\hat{a}}_2 = -\beta_2 z_1 x_2 \\[2mm] \dot{\hat{a}}_3 = -\beta_3 z_1 x_3 \end{cases} \tag{6.46}$$

式中，参数 $\lambda > 0, \beta_i > 0, i = 1, 2, 3$。

6.4　实　验　结　果

反步自适应控制方法 1 跟踪正弦信号、S 曲线信号、多频正弦信号的结果分别如图 6.2～图 6.4 所示，跟踪各信号时的误差及能量消耗定量分析如表 6.1 所示。

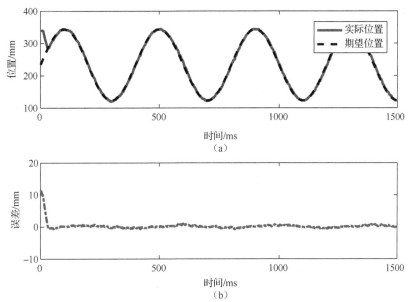

图 6.2　反步自适应控制方法 1 跟踪正弦信号结果图

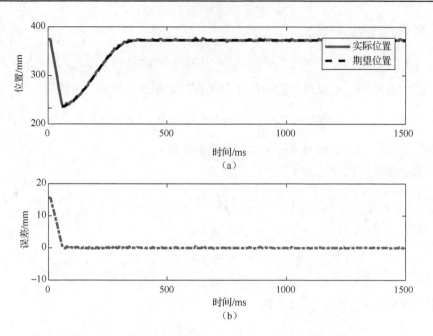

图 6.3　反步自适应控制方法 1 跟踪 S 曲线信号结果图

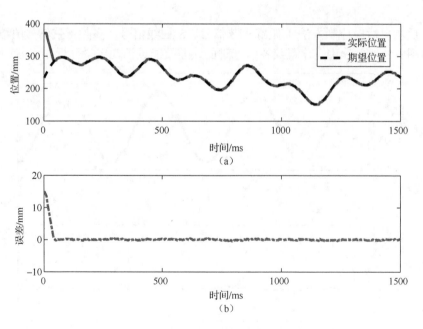

图 6.4　反步自适应控制方法 1 跟踪多频正弦信号结果图

表 6.1　方法 1 跟踪各信号时的误差及能量消耗定量分析

参考信号	指标	最大值	平均值
正弦信号	RMSE/mm	2.6057	2.5233
	Q/V	2930.4	2930.4
S 曲线信号	RMSE/mm	0.8955	0.8759
	Q/V	2930.4	2930.4
多频正弦信号	RMSE/mm	1.2594	1.2217
	Q/V	2930.4	2930.4

　　反步自适应控制方法 2 分别跟踪三种参考信号，实验结果如图 6.5～图 6.7 所示，跟踪各信号时的误差及能量消耗定量分析如表 6.2。

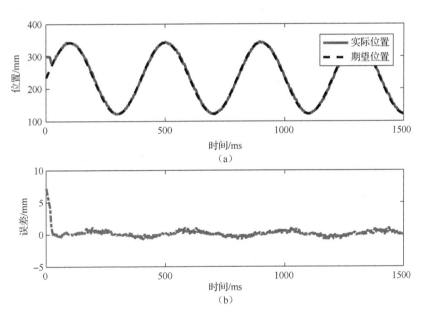

图 6.5　反步自适应控制方法 2 跟踪正弦信号结果图

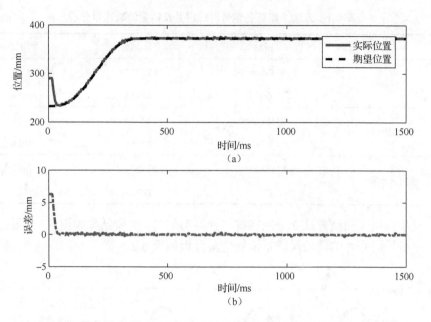

图 6.6　反步自适应控制方法 2 跟踪 S 曲线信号结果图

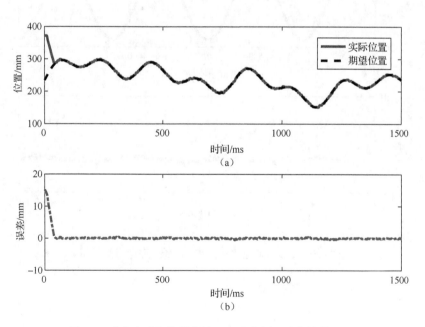

图 6.7　反步自适应控制方法 2 跟踪多频正弦信号结果图

表 6.2　方法 2 跟踪各信号时的误差及能量消耗定量分析

参考信号	指标	最大值	平均值
正弦信号	RMSE/mm	2.4579	2.4249
	Q/V	2930.4	2930.4
S 曲线信号	RMSE/mm	0.8700	0.8147
	Q/V	2930.4	2930.4
多频正弦信号	RMSE/mm	1.3250	1.2411
	Q/V	2930.4	2930.4

6.5　实　验　程　序

程序的设计主要包括以下几个模块: 中断定时器&API 函数的引用程序 (参见例程 4-1)、滤波&限幅程序 (参见例程 4-8)、归中程序 (参见例程 4-6)、信号处理程序、反步自适应控制方法 1 程序、反步自适应控制方法 2 程序。

1) 例程 6-1　信号处理程序

```
1     '======信号处理
2     rin = 1 * rinn                        '输入一个信号 yd
3     d1rin = (rin - lrin) / t              '对该信号求一阶导
4     lrin = rin
5     d2rin = (d1rin - ld1rin) / t          '对该信号求二阶导
6     ld1rin = d1rin
7     d3rin = (d2rin - ld2rin) / t          '对该信号求三阶导
8     ld2rin = d2rin
9     d1y = (y - ly) / t                    '对采集的 y 求一阶导
10    ly = y
11    d2y = (d1y - ld1y) / t                '对 y 求二阶导
12    ld1y = d1y
13    x1 = y                                'x1=y
14    x2 = d1y                              'x2 是 y 的一阶导
15    x3 = d2y                              'x3 是 y 的二阶导
16    e = y - rin                           '误差变量 z1=y-yd
```

2) 例程 6-2　反步自适应控制方法 1 程序

```
1     '反步自适应控制方法 1 子函数
2     Sub FantuiControl()
3     '控制参数
4     c1 = Form1.Text3.Text
5     c2 = Form1.Text6.Text
```

```
6     c3 = Form1.Text2.Text
7     B0 = Form1.Text7.Text
8     B1 = Form1.Text8.Text
9     B2 = Form1.Text9.Text
10    a1 = -c1 * e                        '虚拟控制 a1
11    z2 = x2 - a1 - d1rin                '误差变量 z2
12    da1 = (a1 - la1) / t                '虚拟控制 a1 求一阶导
13    la1 = a1
14    a2 = -c2 * z2 - e + da1             '虚拟控制 a2
15    z3 = x3 - a2 - d2rin                '误差变量 z3
16    da2 = (a2 - la2) / t
17    la2 = a2
18    um = a2 + d3rin                     '控制量 u
19    ff = (-1) * Sgn(4) * um * z3        'ff 为 p=1/b 估计值的一阶导
20    pda=um
```

3）例程 6-3　反步自适应控制方法 2 程序

```
1     '反步自适应控制方法 2 子函数
2     Sub FantuiControl()
3     '控制参数
4     c1 = Form1.Text3.Text
5     c2 = Form1.Text6.Text
6     c3 = Form1.Text2.Text
7     B0 = Form1.Text7.Text
8     B1 = Form1.Text8.Text
9     B2 = Form1.Text9.Text
10    aa1 = -c1 * e + d1rin               '虚拟控制 aa1
11    zz2 = x2 - a1                       '误差变量 zz2
12    daa1 = (aa1 - laa1) / t
13    laa1 = aa1
14    aa2 = -c2 * z2 - e + daa1           '虚拟控制 aa2
15    zz3 = x3 - aa2                      '误差变量 zz3
16    da2 = (a2 - la2) / t
17    la2 = a2
18    '求自适应律
19    ff = (1) * z3 * da2                 'ff 为 p=1/b 的估计值
20    daa0 = -B0 * z3 * x1
21    daa1 = -B1 * z3 * x2
22    daa2 = -B2 * z3 * x3
23    '求控制参数
24    sf = sf + ff * t
25    aa0 = aa0 + daa0 * t
26    aa1 = aa1 + daa1 * t
27    aa2 = aa2 + daa2 * t
28    u = (-z2 - aa0 * (e + rin) - aa1 * (z2 + a1) - aa2 * a2 + da2)
```

```
      *  sf      '控制量
29  pda = u
```

参 考 文 献

[1] GUO X, REN H P. A switching control strategy based on switching system model of three-phase VSR under unbalanced grid conditions[J]. IEEE Transaction on Industrial Electronics, 2021, 68(7): 5799-5809.

[2] SASTRY S S, ISIDORI A. Adaptive control of linearizable system[J]. IEEE Transactions on Automatic Control, 1989, 34(11): 1123-1131.

[3] 彭继慎, 王强, 刘栋良,等. 永磁同步电动机的速度自适应反推控制[J]. 煤炭学报, 2006, 31(4): 540-544.

[4] REN H P, FAN J T. Adaptive backstepping slide mode control of pneumatic position servo system[J]. Chinese Journal of Mechanical Engineering, 2016, 29(5): 1003-1009.

[5] REN H P, WANG X. Experimental backstepping adaptive sliding mode control of hydraulic position servo system[C]. International Conference on Advanced Mechatronic Systems (ICAMechS), Xiamen, China, 2017: 349-354.

[6] ZHU L K, SHAO X D, LIU Y Q, et al. Adaptive backstepping sliding mode control of MDF hot press hydraulic system based on fuzzy disturbance observer[C]. 2014 International Conference on Mechatronics & Control (ICMC), Jinzhou, China, 2014: 1125-1130.

第 7 章　气动位置伺服系统的优化自抗扰控制

韩京清教授提出的自抗扰控制器因不依赖于被控对象的精确数学模型，且具有较强鲁棒性的特点，被广泛应用于各类控制系统。自抗扰控制器基于 PID 控制器"利用误差来消除误差"的思想，由跟踪微分器（tracking differentiator，TD）、扩张状态观测器（extended state observer，ESO）和状态误差反馈控制器（states error feedback controller，SEFC）组成。跟踪微分器的作用是处理参考信号，以得到给定信号的平滑跟踪信号及其导数，从而消除超调现象。扩张状态观测器的作用是将系统未建模动态与外部扰动量之和作为系统的状态，并对其进行实时估计，从而将原系统补偿成一个串级积分系统[1, 2]。状态误差反馈控制器的作用是根据跟踪微分器和扩张状态观测器的输出，生成状态误差，进行线性或非线性组合，再加上扩张状态观测器对系统的未建模动态和扰动量的估计值，从而得到状态误差反馈控制率。跟踪微分器、扩张状态观测器和状态误差反馈控制器三部分有机组合协同完成系统控制目标。

7.1　自抗扰控制基本原理

以气动位置伺服系统的自抗扰控制为例，如图 7.1 所示，介绍自抗扰控制的基本原理。图 7.1 中 $v_0(t)$ 作为系统输入信号（指令信号），经过二阶跟踪微分器处理后，获得平滑跟踪信号 $v_1(t)$ 及其微分信号 $v_2(t)$。一方面，三阶扩张状态观测器得到观测状态 $z_1(t)$ 和 $z_2(t)$，将 $z_1(t)$ 和 $z_2(t)$ 分别与 $v_1(t)$ 和 $v_2(t)$ 作差得到状态误差 $e_1(t)$ 和 $e_2(t)$，再将状态误差进行线性或者非线性组合，可得到状态误差控制率 $u_0(t)$；另一方面，扩张状态观测器将输出扩张状态 $x_3(t)$（非线性量和不确定量的总和）的估计值 $z_3(t)$ 反馈到控制量 $u(t)$ 中，补偿扩张状态 $x_3(t)$ 的作用，从而可以得到系统最终的控制率 $u(t)$。

利用扩张状态观测器对系统未建模动态和未知扰动的总和进行实时估计，把原来的非线性系统补偿为积分器串联型系统的过程可以认为是动态补偿线性化。动态补偿线性化方法不同于状态反馈线性化方法，不需要以对象模型已知或能够辨识为前提条件，不需要对象模型的任何先验知识。在经过动态补偿线性化得到线性积分器串联型系统后，就能够用传统的误差反馈方法设计控制器，既可以用线性误差反馈方法，也可用非线性误差反馈方法[3]。

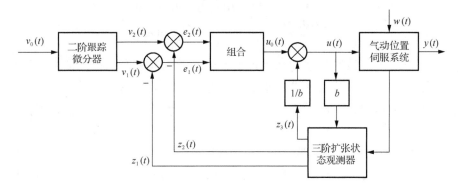

图 7.1　气动位置伺服系统的自抗扰控制结构框图

7.2　气动位置伺服系统的线性自抗扰控制

主要考虑气动系统运动状态，可以将气动位置伺服系统简化为二阶非线性数学模型[4-6]：

$$\begin{cases} \dot{x}_1 = x_2 \\ \dot{x}_2 = f(x_1, x_2) + b \cdot u \\ y = x_1 \end{cases} \tag{7.1}$$

设计线性自抗扰控制器分为以下步骤。

（1）跟踪微分器设计。针对给定信号安排过渡过程，获得给定信号的平滑跟踪信号和微分信号，设计如下[7]：

$$\begin{cases} \dot{v}_1(t) = v_2(t) \\ \dot{v}_2(t) = fd(a(t)) \end{cases} \tag{7.2}$$

式中，$v_1(t)$ 为 $v_0(t)$ 的平滑跟踪信号，$v_0(t)$ 为跟踪微分器的给定信号；$v_2(t)$ 为 $v_1(t)$ 的微分信号。令 $d = r_0 h_0$，$d_0 = h_0 d$，$l(t) = v_1(t) - v_0(t) + h_0 v_2(t)$，$a_0 = \sqrt{d^2 + 8r_0 |l(t)|}$，$fd(a(t))$ 函数表达式如下：

$$a(t) = \begin{cases} v_2(t) + \dfrac{(a_0(t) - d)}{2}\,\mathrm{sign}(l(t)), & |l(t)| > d_0 \\ v_2(t) + \dfrac{l(t)}{h_0}, & |l(t)| \leqslant d_0 \end{cases} \tag{7.3}$$

$$fd(a(t)) = \begin{cases} r_0 \operatorname{sign}(a(t)), & |a(t)| > d \\ r_0 \dfrac{a(t)}{d}, & |a(t)| \leqslant d \end{cases} \tag{7.4}$$

式中，r_0 和 h_0 为跟踪微分器的两个可调参数。r_0 称为速度因子，是决定跟踪快慢的参数，r_0 越大，跟踪越快，过渡过程越短；h_0 称为滤波因子，决定了微分跟踪器的滤波效果，当积分步长确定后，适当增加滤波因子可以有效增强滤波效果[3]。

（2）线性扩张状态观测器设计。扩张状态观测器是自抗扰控制器的关键部分，其作用是对未建模动态和外部扰动量进行估计，对系统的补偿效果会直接影响控制效果。将系统的不确定量当成是系统的状态，令 $x_3(t) = f(x_1, x_2)$，$\dot{x}_3(t) = g(t)$（$g(t)$ 连续可微且有界），可得

$$\begin{cases} \dot{x}_1(t) = x_2(t) \\ \dot{x}_2(t) = x_3(t) + bu(t) \\ \dot{x}_3(t) = g(t) \\ y = x_1(t) \end{cases} \tag{7.5}$$

因此，线性扩张状态观测器可以设计为

$$\begin{cases} e(t) = y(t) - z_1(t) \\ \dot{z}_1(t) = z_2(t) - \beta_{11}(t)e(t) \\ \dot{z}_2(t) = z_3(t) - \beta_{12}(t)e(t) + bu(t) \\ \dot{z}_3(t) = -\beta_{13}(t)e(t) \end{cases} \tag{7.6}$$

式中，$z_1(t)$ 和 $z_2(t)$ 分别为被控对象的状态变量 $x_1(t)$ 和 $x_2(t)$ 的估计量；$z_3(t)$ 为对系统未建模动态和外扰作用总的不确定量的估计；β_{11}、β_{12} 和 β_{13} 为线性扩张状态观测器的参数。对参数 β_{11}、β_{12} 和 β_{13} 进行调整时，首先要确保观测器能跟踪对象状态，再根据实际的控制效果进一步调整。其中，参数 β_{11} 和 β_{12} 影响观测器对系统状态的估计，β_{13} 影响观测器对扰动的估计。当系统输出振荡较大时，可以适当减小参数 β_{13}。当参数 b 取较大值时，可以有效地补偿系统外扰和不确定因素对系统的影响，以增强系统抗扰性能[8]。

（3）线性状态误差反馈控制器设计。将系统状态误差进行线性组合来确定控制量 $u_0(t)$，再减由观测器得到的系统的非线性量和扰动估计值 $z_3(t)$，得到最终控制量 $u(t)$，如下式所示：

$$\begin{cases} e_1(t) = v_1(t) - z_1(t) \\ e_2(t) = v_2(t) - z_2(t) \\ u_0(t) = \beta_{14}e_1(t) + \beta_{15}e_2(t) \\ u(t) = u_0(t) - z_3(t)/b \text{或}(u_0(t) - z_3(t))/b \end{cases} \tag{7.7}$$

式中，β_{14} 和 β_{15} 为线性控制率的参数。类似于 PD 控制中，适当增大参数 β_{14} 可以加快系统响应速度，但是 β_{14} 过大将会导致系统输出超调。为此，可以适当增大微分系数 β_{15} 来抑制超调[8]。

7.3　气动位置伺服系统的非线性自抗扰控制

针对式（7.1）的气动位置伺服系统数学模型，设计非线性自抗扰控制器的步骤如下。

（1）跟踪微分器设计：非线性自抗扰控制器的跟踪微分器环节设计与线性自抗扰控制器相同。

（2）非线性扩张状态观测器设计：根据式（7.5）可以设计非线性扩张状态观测器为

$$\begin{cases} e(t) = y(t) - z_1(t) \\ \dot{z}_1(t) = z_2(t) - \beta_{n1}(t)e(t) \\ \dot{z}_2(t) = z_3(t) - \beta_{n2}(t)f_o(e, \alpha_{01}, \delta_0) + bu(t) \\ \dot{z}_3(t) = -\beta_{n3}(t)f_o(e, \alpha_{02}, \delta_0) \end{cases} \tag{7.8}$$

式中，$z_1(t)$ 和 $z_2(t)$ 分别为被控对象的状态变量 $x_1(t)$ 和 $x_2(t)$ 的估计量；$z_3(t)$ 为对系统未建模动态和外扰的总不确定量估计；β_{n1}、β_{n2} 和 β_{n3} 为非线性扩张状态观测器的参数，调节规律与线性扩张状态观测器的一致；α_{01}、α_{02} 和 δ_0 为非线性函数 $f_o(e, \alpha, \delta)$ 的参数；$f_o(e, \alpha, \delta)$ 为原点附近具有线性段的连续幂次函数，其表达式为

$$f_o(e, \alpha, \delta) = \begin{cases} |e|^{\alpha} \operatorname{sign}(e), & |e| > \delta \\ \dfrac{e}{\delta^{1-\alpha}}, & |e| \leqslant \delta \end{cases} \tag{7.9}$$

式中，α 的取值范围在 0~1，一般取为 0.25、0.5 或者 0.75；δ 为非线性函数 $f_o(e, \alpha, \delta)$ 的线性区间宽度。如果 δ 取值过小，则易导致函数输出高频脉动，过大则会使得非线性函数在一定程度上退化为线性函数[8]。

（3）非线性状态误差反馈控制器与扰动补偿设计：将系统状态误差进行非线性组合而得到非线性状态误差控制量 $u_0(t)$，同样，再减由观测器得到的系统不确定性和扰动估计值 $z_3(t)$，得到最终控制量 $u(t)$，如式（7.10）所示：

$$\begin{cases} e_1(t) = v_1(t) - z_1(t) \\ e_2(t) = v_2(t) - z_2(t) \\ u_0(t) = \beta_{n4} f_o(e_1, \alpha_1, \delta) + \beta_{n5} f_o(e_2, \alpha_2, \delta) \\ u(t) = u_0(t) - z_3(t) / b \ 或 \ (u_0(t) - z_3(t)) / b \end{cases} \tag{7.10}$$

式中，β_{n4} 和 β_{n5} 为非线性控制率参数，其调整规律与线性控制率的一样；α_1、α_2 和 δ 为非线性函数 $f_o(e, \alpha, \delta)$ 的参数，取值与非线性扩张状态观器中的一样。同样，适当增大参数 β_{n4} 可以加快系统响应速度，但是 β_{n4} 过大将会导致系统输出超调，甚至出现振荡。此时，可以适当增大 β_{n5} 来抑制超调，减小振荡。

7.4　自抗扰控制器的参数优化

自抗扰控制器在分析 PID 控制存在问题的基础上提出了改进，设计了输入平滑控制，最重要的是考虑了未建模动态和内外扰动的估计和补偿。存在的问题是设计过程变得十分复杂，相比只调整 PID 三个参数，自抗扰控制器的参数调整问题成为应用中的一个障碍。借鉴 PID 参数优化设计方法，采用智能优化方法对自抗扰控制器参数进行优化成为自抗扰控制应用研究的方向[9]。

智能优化算法作为一种模拟自然界中种群生物的智能行为的优化方法，能够将复杂的求解过程简单化，具有适应性强，易于实现等特点，被广泛用于大规模复杂问题的优化求解。智能优化算法本质上是群体概率搜索方法，通常从一组随机初始解出发，按照某种特定规律，在整个解空间中搜索最优解。

智能优化算法包括遗传优化算法、粒子群优化算法、人工鱼群优化算法、蚁群优化算法、差分进化优化算法等，本章将选择遗传优化算法[10]、粒子群优化算法[11]和差分进化优化算法对自抗扰控制器的参数进行寻优，并对比三种方法的寻优效果。

在线性自抗扰控制器的参数中，取 $r_0 = 50000$，$h_0 = 0.0028$，待优化参数为 β_{11}、β_{12}、β_{13}、β_{14}、β_{15} 和 b。

在非线性自抗扰控制器的参数中，取 $r_0 = 50000$，$h_0 = 0.0028$，$\delta_0 = \delta = 0.01$，$\alpha_{01} = \alpha_1 = 0.75$，$\alpha_{02} = \alpha_2 = 0.5$，待优化参数为 β_{n1}、β_{n2}、β_{n3}、β_{n4}、β_{n5} 和 b。

设定遗传优化算法参数：种群规模 $M = 50$，进化代数 $N = 11$，交叉概率 $P_c = 0.9$，变异概率 $P_m = 0.1$。

设定粒子群优化算法参数：种群规模 $M = 50$，进化代数 $N = 11$，学习因子 $c_1 = 2$，$c_2 = 2$，惯性因子的最大值和最小值分别取为 $w_{max} = 0.9$，$w_{min} = 0.4$。

设定差分进化优化算法参数：种群规模 $M=50$，进化代数 $N=11$，变异因子 $Z=0.5$，交叉因子 $\mathrm{CR}=0.9$。

线性自抗扰控制器待优化参数的整定范围：$\beta_{l1}\in[50,250]$，$\beta_{l2}\in[2000,12000]$，$\beta_{l3}\in[10000,80000]$，$\beta_{l4}\in[2,200]$，$\beta_{l5}\in[4,12]$，$b\in[4,40]$。

非线性自抗扰控制器待优化参数的整定范围：$\beta_{n1}\in[50,250]$，$\beta_{n2}\in[5000,35000]$，$\beta_{n3}\in[10000,100000]$，$\beta_{n4}\in[100,500]$，$\beta_{n5}\in[20,80]$，$b\in[5,50]$。

这些优化范围为在人工手动调节得到较好效果的基础上对参数区间进行扩展得到的。

基于 Pareto 多目标优化算法的优化结果是一组最优解集，为了在最优解集中找到一个全局最优解，将按照如下步骤进行选择[11]。

（1）在最优解集对应的目标函数中，求出每个目标函数对应的最优值，即 f_{m1}、f_{m2}、f_{m3}、f_{m4}、f_{m5} 和 f_{m6}。

（2）对最优解定义一个评价函数，如式（7.11）所示：

$$E_i=\sum_{k=1}^{n_o}(f_{i,k}-f_{mk})\qquad(7.11)$$

式中，E_i 为最优解集中第 i 个解的评价函数；$f_{i,k}$ 为最优解集中第 i 个最优解的第 k 个目标函数；$k=1,2,\cdots,n_o$，$n_o=6$ 为目标函数的总个数。

（3）E_i 取得最小值对应的个体为全局最优解。

控制器参数优化结果如下。

（1）线性自抗扰控制器参数优化结果如下。

基于 Pareto 多目标遗传优化算法优化结果：$\beta_{l1}=120.67$，$\beta_{l2}=11313$，$\beta_{l3}=61997$，$\beta_{l4}=185.56$，$\beta_{l5}=7.31$，$b=12.88$。

基于 Pareto 多目标粒子群优化算法优化结果：$\beta_{l1}=50.04$，$\beta_{l2}=11905$，$\beta_{l3}=69272$，$\beta_{l4}=174.33$，$\beta_{l5}=5.91$，$b=11.63$。

基于 Pareto 多目标差分进化优化算法优化结果：$\beta_{l1}=195.52$，$\beta_{l2}=11166$，$\beta_{l3}=67418$，$\beta_{l4}=185.22$，$\beta_{l5}=9.85$，$b=9.18$。

（2）非线性自抗扰控制器参数优化结果如下。

基于 Pareto 多目标遗传优化算法优化结果：$\beta_{n1}=207.97$，$\beta_{n2}=22282$，$\beta_{n3}=70952$，$\beta_{n4}=492.01$，$\beta_{n5}=60.69$，$b=9.08$。

基于 Pareto 多目标粒子群优化算法优化结果：$\beta_{n1}=165.24$，$\beta_{n2}=16028$，$\beta_{n3}=67110$，$\beta_{n4}=483.14$，$\beta_{n5}=64.91$，$b=10.70$。

基于 Pareto 多目标差分进化优化算法优化结果：$\beta_{n1}=89.41$，$\beta_{n2}=17089$，$\beta_{n3}=71083$，$\beta_{n4}=392.68$，$\beta_{n5}=66.92$，$b=14.01$。

7.5 实验结果

本章所设计控制器可用于跟踪期望位置信号，分别为正弦信号、S 曲线信号和多频正弦信号。

7.5.1 正弦信号跟踪实验结果

本节分别采用线性 ADRC、线性 ADRC+GA、线性 ADRC+PSO、线性 ADRC+DE 及非线性 ADRC、非线性 ADRC+GA、非线性 ADRC+PSO、非线性 ADRC+DE 八种方法对系统进行跟踪控制，当参考信号是正弦信号时的跟踪结果分别如图 7.2～图 7.9 所示。各自抗扰控制器跟踪正弦信号的误差分析如表 7.1 所示。

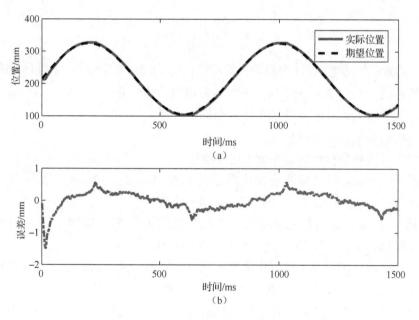

图 7.2　线性 ADRC 跟踪正弦信号结果图

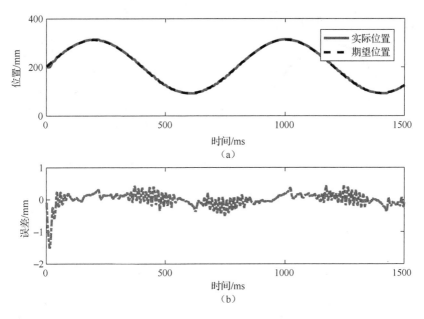

图 7.3　线性 ADRC+GA 跟踪正弦信号结果图

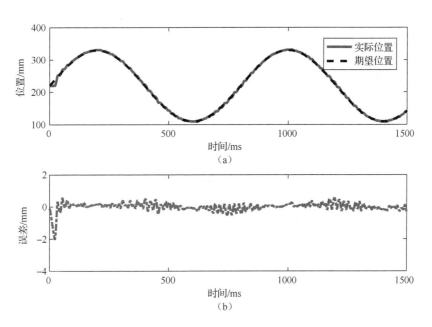

图 7.4　线性 ADRC+PSO 跟踪正弦信号结果图

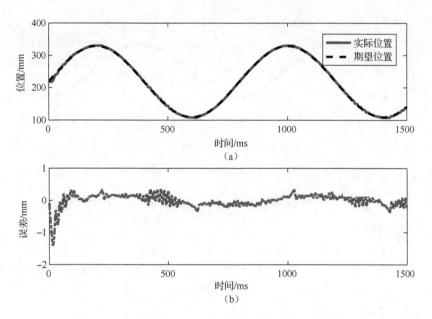

图 7.5　线性 ADRC+DE 跟踪正弦信号结果图

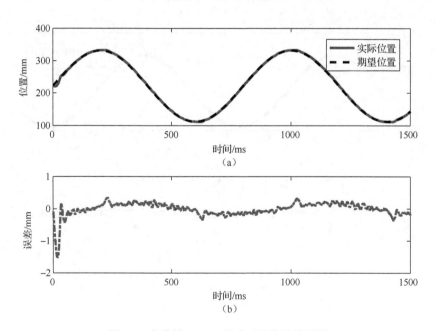

图 7.6　非线性 ADRC 跟踪正弦信号结果图

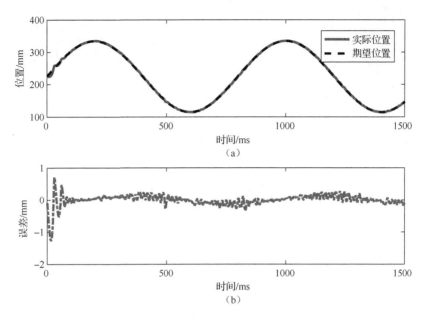

图 7.7　非线性 ADRC+GA 跟踪正弦信号结果图

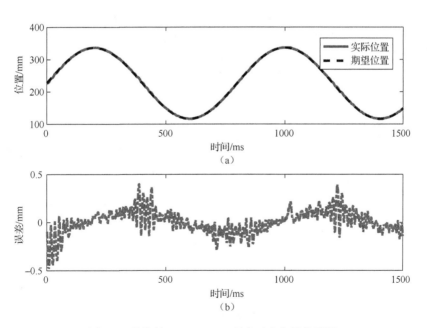

图 7.8　非线性 ADRC+PSO 跟踪正弦信号结果图

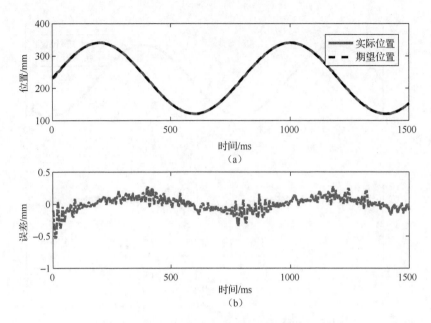

图 7.9　非线性 ADRC+DE 跟踪正弦信号结果图

表 7.1　各自抗扰控制器跟踪正弦信号的误差分析

方法	指标	最大值	平均值
线性 ADRC	RMSE/mm	2.1692	2.1037
	MAE/mm	1.8164	1.7589
线性 ADRC+GA	RMSE/mm	1.5777	1.4592
	MAE/mm	1.2442	1.0341
线性 ADRC+PSO	RMSE/mm	2.3443	1.7141
	MAE/mm	1.4620	1.2234
线性 ADRC+DE	RMSE/mm	1.8364	1.4989
	MAE/mm	1.4326	1.1517
非线性 ADRC	RMSE/mm	1.3550	1.2851
	MAE/mm	1.1463	1.1028
非线性 ADRC+GA	RMSE/mm	1.4956	1.3291
	MAE/mm	1.0344	0.8936

续表

方法	指标	最大值	平均值
非线性 ADRC+PSO	RMSE/mm	1.7701	1.2853
	MAE/mm	0.9341	0.8528
非线性 ADRC+DE	RMSE/mm	1.1141	1.0478
	MAE/mm	0.8275	0.7942

7.5.2　S 曲线信号跟踪实验结果

本小节与 7.5.1 小节类似,分别采用设计的方法针对参考信号为 S 曲线信号时进行跟踪控制, 跟踪结果如图 7.10～图 7.17 所示。表 7.2 是各自抗扰控制器跟踪 S 曲线信号的误差分析。

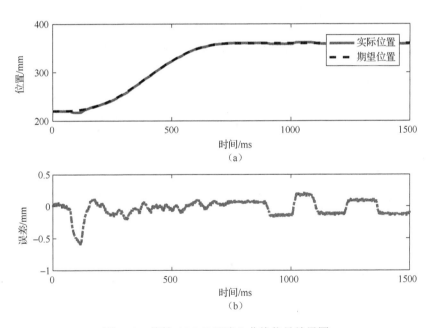

图 7.10　线性 ADRC 跟踪 S 曲线信号结果图

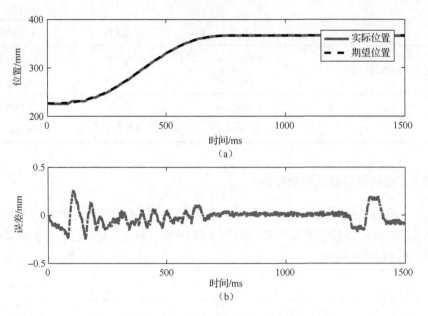

图 7.11　线性 ADRC+GA 跟踪 S 曲线信号结果图

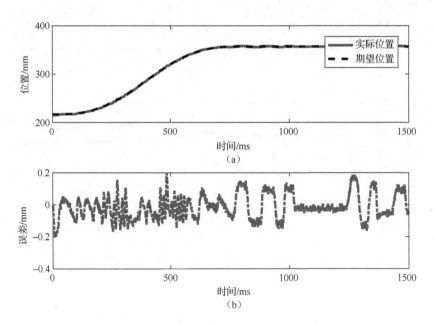

图 7.12　线性 ADRC+PSO 跟踪 S 曲线信号结果图

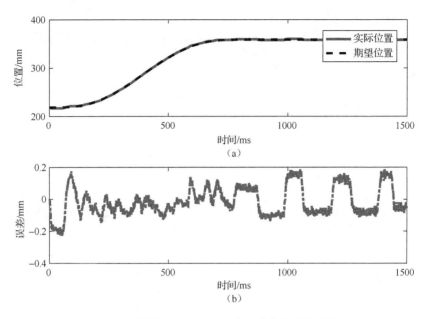

图 7.13　线性 ADRC+DE 跟踪 S 曲线信号结果图

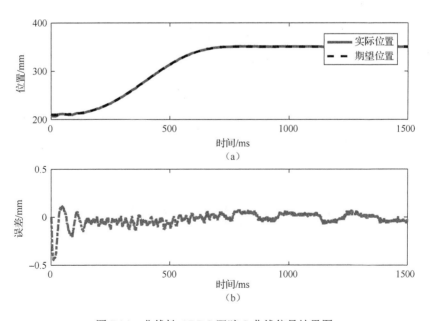

图 7.14　非线性 ADRC 跟踪 S 曲线信号结果图

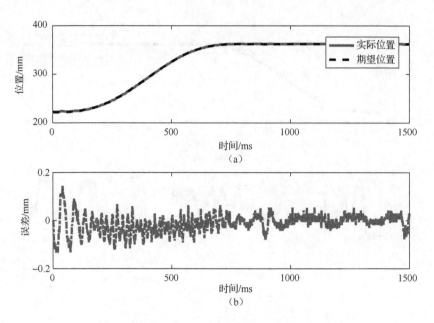

图 7.15　非线性 ADRC+GA 跟踪 S 曲线信号结果图

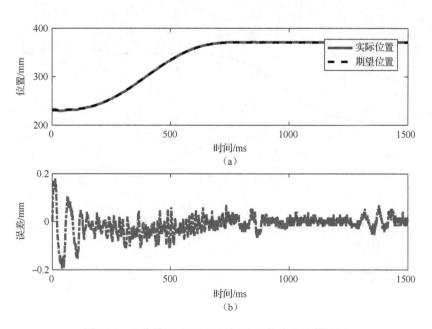

图 7.16　非线性 ADRC+PSO 跟踪 S 曲线信号结果图

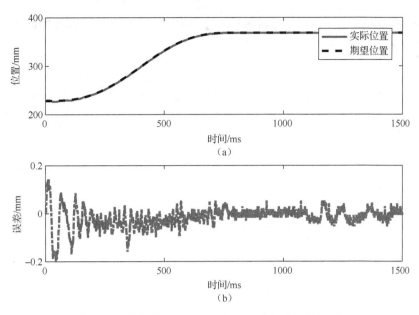

图 7.17　非线性 ADRC+DE 跟踪 S 曲线信号结果图

表 7.2　各自抗扰控制器跟踪 S 曲线信号的误差分析

方法	指标	最大值	平均值
线性 ADRC	RMSE/mm	1.1839	0.9556
	MAE/mm	0.8852	0.7478
线性 ADRC+GA	RMSE/mm	0.9496	0.8288
	MAE/mm	0.7604	0.6264
线性 ADRC+PSO	RMSE/mm	0.8161	0.7214
	MAE/mm	0.6370	0.5794
线性 ADRC+DE	RMSE/mm	0.8754	0.7774
	MAE/mm	0.6953	0.6160
非线性 ADRC	RMSE/mm	0.5623	0.4775
	MAE/mm	0.4119	0.3529
非线性 ADRC+GA	RMSE/mm	0.5733	0.3750
	MAE/mm	0.4343	0.2623
非线性 ADRC+PSO	RMSE/mm	0.4895	0.4052
	MAE/mm	0.2939	0.2665
非线性 ADRC+DE	RMSE/mm	0.4314	0.3760
	MAE/mm	0.2909	0.2558

7.5.3　多频正弦信号跟踪实验结果

同理,采用所设计的各种控制方法对多频正弦信号进行跟踪控制,得到的结果如图 7.18～图 7.25 所示。跟踪多频正弦信号时，各自抗扰控制器的误差分析如表 7.3 所示。

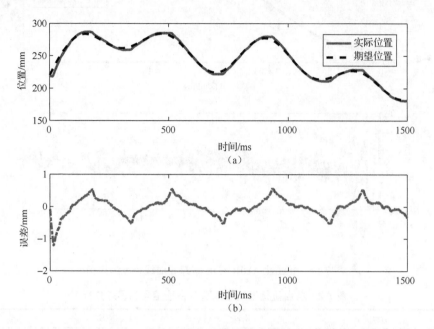

图 7.18　线性 ADRC 跟踪多频正弦信号结果图

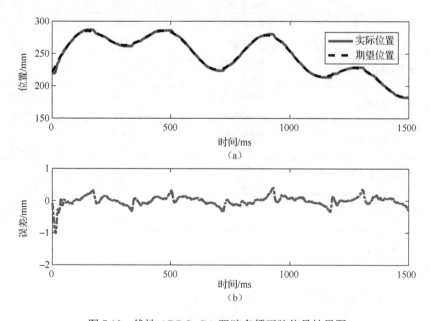

图 7.19　线性 ADRC+GA 跟踪多频正弦信号结果图

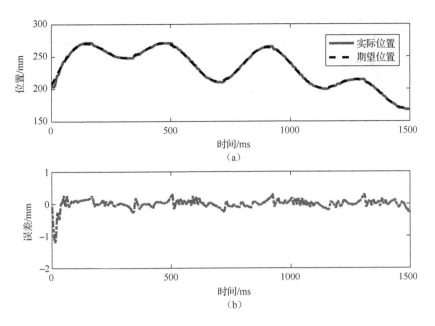

图 7.20　线性 ADRC+PSO 跟踪多频正弦信号结果图

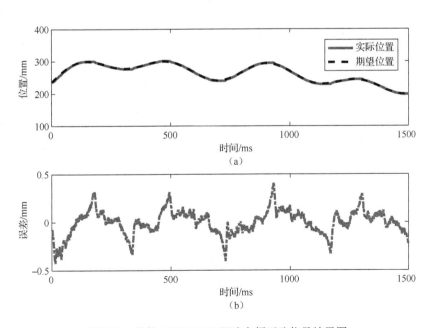

图 7.21　线性 ADRC+DE 跟踪多频正弦信号结果图

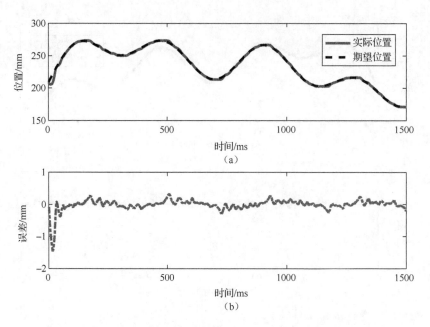

图 7.22　非线性 ADRC 跟踪多频正弦信号结果图

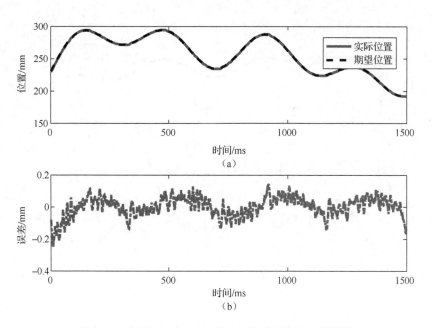

图 7.23　非线性 ADRC+GA 跟踪多频正弦信号结果图

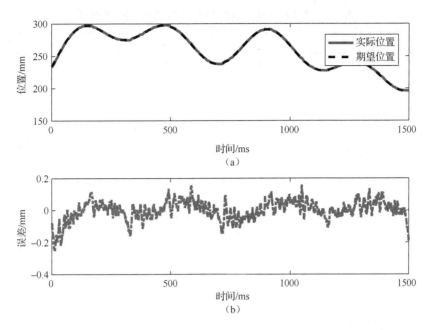

图 7.24　非线性 ADRC+PSO 跟踪多频正弦信号结果图

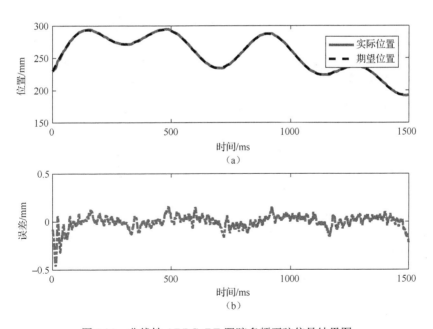

图 7.25　非线性 ADRC+DE 跟踪多频正弦信号结果图

表 7.3 各自抗扰控制器跟踪多频正弦信号的误差分析

方法	指标	最大值	平均值
线性 ADRC	RMSE/mm	2.1156	2.0641
	MAE/mm	1.6947	1.6405
线性 ADRC+GA	RMSE/mm	1.6718	1.4297
	MAE/mm	1.0856	1.0137
线性 ADRC+PSO	RMSE/mm	1.4207	1.1256
	MAE/mm	0.8472	0.7551
线性 ADRC+DE	RMSE/mm	1.5890	1.3081
	MAE/mm	1.0331	0.9351
非线性 ADRC	RMSE/mm	0.9975	0.8969
	MAE/mm	0.7629	0.7054
非线性 ADRC+GA	RMSE/mm	1.0677	0.9491
	MAE/mm	0.6400	0.5298
非线性 ADRC+PSO	RMSE/mm	1.4576	0.7105
	MAE/mm	0.5706	0.4459
非线性 ADRC+DE	RMSE/mm	0.6562	0.5949
	MAE/mm	0.4457	0.4227

由图 7.2～图 7.25 及表 7.1～表 7.3 可以看出：不论参考信号为正弦信号、S 曲线信号还是多频正弦信号，非线性 ADRC 控制器对参考信号的跟踪精度均比线性 ADRC 控制器更高；当参数经过各种优化算法后，非线性 ADRC 控制器跟踪精度均比经过同种优化算法的线性 ADRC 控制器跟踪精度更高。

7.6 实验程序

自抗扰控制器的设计包括 Pareto 秩的相关程序（参见例程 3-1）、线性 ADRC 程序、线性 ADRC+GA 程序、线性 ADRC+PSO 程序、线性 ADRC+DE 程序、非线性 ADRC 程序、非线性 ADRC+GA 程序、非线性 ADRC+PSO 程序、非线性 ADRC+DE 程序。

1）例程 7-1 线性 ADRC 程序

```
1    '线性 ADRC 变量
2    Dim r0 As Double
3    Dim h0 As Double
4    Dim d0 As Double
5    Dim d As Double
```

```
6     Dim lt As Double
7     Dim a0 As Double
8     Dim a As Double
9     Dim fhan As Double
10    Dim lfhan As Double
11    Dim v1 As Double
12    Dim v2 As Double
13    Dim lv1 As Double
14    Dim lv2 As Double
15    Dim dyd As Double
16    Dim lyd As Double
17    Dim b As Double
18    Dim lu As Double
19    Dim u0 As Double
20    Dim z1 As Double
21    Dim z2 As Double
22    Dim z3 As Double
23    Dim lz1 As Double
24    Dim lz2 As Double
25    Dim lz3 As Double
26    Dim e10 As Double
27    Dim le10 As Double
28    Dim delta0 As Double
29    Dim beta01 As Double
30    Dim beta02 As Double
31    Dim beta03 As Double
32    Dim alpha02 As Double
33    Dim alpha03 As Double
34    Dim e1 As Double
35    Dim e2 As Double
36    Dim delta As Double
37    Dim beta1 As Double
38    Dim beta2 As Double
39    Dim alpha1 As Double
40    Dim alpha2 As Double
41    Dim neng0 As Double
42    Dim neng As Double
43    Dim w As Double
44    '线性 ADRC
45    '跟踪微分器对给定信号进行微分
46    v1 = lv1 + t * lv2
47    v2 = lv2 + t * lfhan
48    lt = v1 - yd + h0 * v2
49    a0 = Sqr(d ^ 2 + 8 * r0 * Abs(lt))
50    If Abs(lt) > d0 Then
51    a = v2 + (a0 - d) * Sgn(lt) / 2
```

```
52    Else
53    a = v2 + lt / h0
54    End If
55    If Abs(a) > d Then
56    fhan = -r0 * Sgn(a)
57    Else
58    fhan = -r0 * a / d
59    End If
60    lv1 = v1
61    lv2 = v2
62    lfhan = fhan
63    e00 = y - v1
64    '线性扩张状态观测器
65    z1 = lz1 + t * (lz2 - beta01 * le10)
66    z2 = lz2 + t * (lz3 - beta02 * le10 + b * lu)
67    z3 = lz3 + t * (-beta03 * le10)
68    e10 = z1 - y
69    lz1 = z1
70    lz2 = z2
71    lz3 = z3
72    le10 = e10
73    '线性状态误差反馈控制率
74    e1 = v1 - z1
75    e2 = v2 - z2
76    u0 = beta1 * e1 + beta2 * e2
77    u = u0 - z3 / b
78    lu = u
79    '将实际量转化为数字量
80    yd = yd * (4095 / 450) + zeropoint
81    y = y * (4095 / 450) + zeropoint
82    '控制量限幅
83    pda = u + 2048
84    If pda >= 2048 + ud Then
85    pda = 2048 + ud
86    End If
87    If pda <= 2048 - ud Then
88    pda = 2048 - ud
89    End If
90    '送出控制量
91    PCI2306_WriteDeviceProDA hDevice, pda, channeLN
92    '线性自抗扰控制器的参数及初值
93    lv1 = 0
94    lv2 = 0
95    lfhan1 = 0
96    lyd = 0
97    lz1 = 0
```

```
98   lz2 = 0
99   lz3 = 0
100  le10 = 0
101  lu = 0
102  r0 = 50000          '速度因子
103  h0 = 0.0028             '滤波因子 (平滑因子)
104  d = r0 * h0
105  d0 = h0 * d
106  ud = 1000
```

2) 例程 7-2 线性 ADRC+GA 程序

```
1    'ADRC+GA 变量定义 (线性、非线性均适用)
2    Public SZE1 As Double          '稳态误差平方和
3    Public SZE2 As Double          '稳态误差平方和
4    Public RMSE1 As Double         '稳态均方差
5    Public RMSE2 As Double         '稳态均方差
6    Public PopuOder(1 To 50) As Integer          '种群个体序号
7    Public fitSum As Double          '种群个体的适应度值之和
8    Public fit(1 To 50) As Double          '种群个体的相对适应值
9    Public Roulette(0 To 50) As Double     '种群个体的累积概率
10   Public tempRnd As Double          '随机数
11   Public tempTh As Double              '遗传操作中临时数据
12   Public tempThN(1 To 50, 1 To 6) As Double  '遗传操作中临时数据
13   Public father(1 To 50) As Integer     '父本序号
14   Public mother(1 To 50) As Integer     '母本序号
15   Public Pc As Double               '交叉概率
16   Public Pm As Double               '变异概率
17   Public lowBOUND(6) As Double        '参数变化下界
18   Public upBOUND(6) As Double         '参数变化上界
19   Public N As Integer            '遗传代数
20   Public M As Integer            '种群个数
21   Public Nd As Double            '参数个数
22   Public Nb As Integer           '目标函数个数
23   Public NG As Integer           '当前遗传代数
24   Public lastNG As Integer            '当前遗传代数
25   Public I1 As Integer
26   Public I2 As Integer
27   Public I3 As Integer
28   Public I4 As Integer
29   Public I21 As Integer
30   Public flagb As Integer            '不同给定曲线标记序号
31   '线性 ADRC+GA 变量定义
32   Public tempC As Double
33   Public tempM As Double
34   '线性 ADRC 变量
```

```
35    Dim d0 As Double
36    Dim d As Double
37    Dim lt As Double
38    Dim a0 As Double
39    Dim a As Double
40    Dim fhan As Double
41    Dim lfhan As Double
42    Dim v1 As Double
43    Dim v2 As Double
44    Dim lv1 As Double
45    Dim lv2 As Double
46    Dim z1 As Double
47    Dim z2 As Double
48    Dim z3 As Double
49    Dim lz1 As Double
50    Dim lz2 As Double
51    Dim lz3 As Double
52    Dim e10 As Double
53    Dim le10 As Double
54    Dim e1 As Double
55    Dim e2 As Double
56    Dim lu As Double
57    Dim u0 As Double
58    Dim dyd As Double
59    Dim lyd As Double
60    Public b As Double
61    Public r0 As Double
62    Public h0 As Double
63    Public delta0 As Double
64    Public beta01 As Double
65    Public beta02 As Double
66    Public beta03 As Double
67    Public alpha02 As Double
68    Public alpha03 As Double
69    Public delta As Double
70    Public beta1 As Double
71    Public beta2 As Double
72    Public alpha1 As Double
73    Public alpha2 As Double
74    '线性 ADRC+GA
75    '跟踪微分器对给定信号进行微分
76    v1 = lv1 + t * lv2
77    v2 = lv2 + t * lfhan
78    lt = v1 - yd + h0 * v2
79    a0 = Sqr(d ^ 2 + 8 * r0 * Abs(lt))
80    If Abs(lt) > d0 Then
```

```
81   a = v2 + (a0 - d) * Sgn(lt) / 2
82   Else
83   a = v2 + lt / h0
84   End If
85   If Abs(a) > d Then
86   fhan = -r0 * Sgn(a)
87   Else
88   fhan = -r0 * a / d
89   End If
90   lv1 = v1
91   lv2 = v2
92   lfhan = fhan
93   '线性扩张状态观测器
94   z1 = lz1 + t * (lz2 - beta01 * le10)
95   z2 = lz2 + t * (lz3 - beta02 * le10 + b * lu)
96   z3 = lz3 + t * (-beta03 * le10)
97   e10 = z1 - y
98   lz1 = z1
99   lz2 = z2
100  lz3 = z3
101  le10 = e10
102  '线性反馈控制律
103  e1 = v1 - z1
104  e2 = v2 - z2
105  u0 = beta1 * e1 + beta2 * e2
106  u = u0 - z3 / b
107  lu = u
108  '控制量限幅
109  pda = u + 2048
110  If pda >= 2048 + ud Then
111  pda = 2048 + ud
112  End If
113  If pda <= 2048 - ud Then
114  pda = 2048 - ud
115  End If
116  '送出控制量
117  PCI2306_WriteDeviceProDA hDevice, pda, channeLN
118  Function initiate()  '初始化参数和变量初值等(加载窗口时更新数据,仅
     一次)
119  hDevice = PCI2306_CreateDevice(0)
120  If hDevice = INVALID_HANDLE_VALUE Then
121  End
122  End If
123  ud = 1000
124  t = 0.005
125  '遗传优化算法参数
```

```
126   Nb = 6        '目标函数个数
127   Nd = 6        '参数个数
128   N = 11        '遗传代数
129   M = 50        '种群个数
130   Pc = 0.9       '交叉概率
131   Pm = 0.01      '变异概率
132   '线性自抗扰控制器的参数及初值
133   r0 = 50000        '速度因子
134   h0 = 0.0028        '滤波因子(平滑因子)
135   d = r0 * h0
136   d0 = h0 * d
137   delta0 = 0.01
138   alpha02 = 0.75
139   alpha03 = 0.5
140   delta = 0.01
141   alpha1 = 0.75
142   alpha2 = 0.5
143   End Function
144   Function initiate4() '生成初始种群
145   '参数变化范围
146   lowBOUND(1) = 4      'b 的下界
147   upBOUND(1) = 40      'b 的上界
148   lowBOUND(2) = 2     'beta1 的下界
149   upBOUND(2) = 200      'beta1 的上界
150   lowBOUND(3) = 4      'beta2 的下界
151   upBOUND(3) = 12      'beta2 的上界
152   lowBOUND(4) = 50      'beta01 的下界
153   upBOUND(4) = 250      'beta01 的上界
154   lowBOUND(5) = 2000     'beta02 的下界
155   upBOUND(5) = 12000     'beta02 的上界
156   lowBOUND(6) = 10000    'beta03 的下界
157   upBOUND(6) = 80000    'beta03 的上界
158   Dim I10 As Integer
159   Dim I20 As Integer
160   Dim I30 As Integer
161   NG = 1
162   Open "D:\ADRC\daNG.txt" For Output As #1 '保存当前遗传代数
163   Write #1, NG
164   Close #1
165   I10 = 1
166   For I20 = 1 To M
167   For I30 = 1 To Nd
168   Randomize
169   Theta(I10, I20, I30) = lowBOUND(I30) + Rnd * (upBOUND(I30) -
      lowBOUND(I30))
170   Next I30
```

```
171    Next I20
172    Open "D:\ADRC\daThetak.txt" For Output As #2 '将数据保存至文本
173    For I20 = 1 To M
174    For I30 = 1 To Nd
175    Write #2, Theta(I10, I20, I30)
176    Next I30
177    Next I20
178    Close #2
179    End Function
180    Function readdaNG() '读取进化代数
181    Open "D:\ADRC\daNG.txt" For Input As #3 '读取当前遗传代数
182    Input #3, NG
183    Close #3
184    lastNG = NG
185    End Function
186    Function readda() '读取数据
187    Dim I10 As Integer
188    Dim I20 As Integer
189    Dim I30 As Integer
190    Open "D:\ADRC\daNG.txt" For Input As #4 '读取当前遗传代数
191    Input #4, NG
192    Close #4
193    Open "D:\ADRC\daThetak.txt" For Input As #5 '参数 Theta
194    For I10 = 1 To NG
195    For I20 = 1 To M
196    For I30 = 1 To Nd
197    Input #5, Theta(I10, I20, I30)
198    Next I30
199    Next I20
200    Next I10
201    Close #5
202    End Function
203    Function saveda() '保存数据
204    Dim I10 As Integer
205    Dim I20 As Integer
206    Dim I30 As Integer
207    Dim I40 As Integer
208    Open "D:\ADRC\daNG.txt" For Output As #8 '保存当前遗传代数
209    Write #8, NG
210    Close #8
211    Open "D:\ADRC\daThetak.txt" For Output As #9 '保存参数 Theta
212    For I10 = 1 To NG
213    For I20 = 1 To M
214    For I30 = 1 To Nd
215    Write #9, Theta(I10, I20, I30)
216    Next I30
```

```
217  Next I20
218  Next I10
219  Close #9
220  Open "D:\ADRC\daErrk.txt" For Output As #10  '保存目标函数值 Err
221  For I10 = 1 To (NG - 1)
222  For I20 = 1 To M
223  For I40 = 1 To (Nb + 1)
224  Write #10, Err(I10, I20, I40)
225  Next I40
226  Next I20
227  Next I10
228  Close #10
229  End Function
230  Function getda()  '将存放于 cta 矩阵中的参数取出来
231  b = Theta(I1, I2, 1)
232  beta1 = Theta(I1, I2, 2)
233  beta2 = Theta(I1, I2, 3)
234  beta01 = Theta(I1, I2, 4)
235  beta02 = Theta(I1, I2, 5)
236  beta03 = Theta(I1, I2, 6)
237  End Function
```

3）例程 7-3 线性 ADRC+PSO 程序

```
1   'ADRC+PSO 变量(线性、非线性均适用)
2   Public w As Double                      '惯性系数
3   Public wmax As Double                   '惯性系数上界
4   Public wmin As Double                   '惯性系数下界
5   Public c1 As Double                     '学习因子
6   Public c2 As Double                     '学习因子
7   Public r1 As Double                     '随机数
8   Public r2 As Double                     '随机数
9   Public PopuOder(1 To 50) As Integer     '粒子群个体序号
10  Public V(1 To 50, 1 To 6) As Double     '参数变化的速度
11  Public lowV(1 To 6) As Double           '参数变化速度的下界
12  Public upV(1 To 6) As Double            '参数变化速度的上界
13  Public Thetak(1 To 10000) As Double     '参数
14  Public Errk(1 To 10000) As Double       '均方差
15  Public pbestk(1 To 1000) As Double      '个体最优
16  Public Err_pbestk(1 To 1000) As Double  '个体最优对应均方差
17  Public tempTheta(1 To 50, 1 To 6) As Double  '参数的临时值
18  Public lowBOUND(1 To 6) As Double       '参数变化下界
19  Public upBOUND(1 To 6) As Double        '参数变化上界
20  Public N As Integer                     '粒子群进化代数
21  Public M As Integer                     '粒子个数
22  Public Nd As Integer                    '参数个数
```

```
23    Public Nb As Integer                    '目标函数个数
24    Public NG As Integer                    '当前遗传代数
25    Public lastNG As Integer                    '上次保存的遗传代数
26    Public I1 As Integer '遗传代数
27    Public I2 As Integer '粒子群个体序号
28    Public I3 As Integer '参数序号
29    Public I4 As Integer '目标函数序号
30    Public I5 As Integer '参数向量序号
31    Public lastV(1 To 50, 1 To 6) As Double'参数变化速度的上一代刻值
32    Public I11 As Integer '遗传代数
33    Public I31 As Integer '参数序号
34    Public I41 As Integer '目标函数序号
35    Public I51 As Integer '参数向量序号
36    Public I6 As Integer '目标函数向量序号
37    Public I21 As Integer '粒子群个体序号
38    Public I61 As Integer '目标函数向量序号
39    Public flagb As Integer  '不同给定曲线标记序号
40    'ADRC 变量
41    Dim d0 As Double
42    Dim d As Double
43    Dim lt As Double
44    Dim a0 As Double
45    Dim a As Double
46    Dim fhan As Double
47    Dim lfhan As Double
48    Dim v1 As Double
49    Dim v2 As Double
50    Dim lv1 As Double
51    Dim lv2 As Double
52    Dim z1 As Double
53    Dim z2 As Double
54    Dim z3 As Double
55    Dim lz1 As Double
56    Dim lz2 As Double
57    Dim lz3 As Double
58    Dim e10 As Double
59    Dim le10 As Double
60    Dim e1 As Double
61    Dim e2 As Double
62    Dim lu As Double
63    Dim u0 As Double
64    Dim dyd As Double
65    Dim lyd As Double
66    Public b As Double
67    Public r0 As Double
68    Public h0 As Double
```

```
69  Public delta0 As Double
70  Public beta01 As Double
71  Public beta02 As Double
72  Public beta03 As Double
73  Public alpha02 As Double
74  Public alpha03 As Double
75  Public delta As Double
76  Public beta1 As Double
77  Public beta2 As Double
78  Public alpha1 As Double
79  Public alpha2 As Double
80  '线性 ADRC+PSO
81  '跟踪微分器对给定信号进行微分
82  v1 = lv1 + t * lv2
83  v2 = lv2 + t * lfhan
84  lt = v1 - yd + h0 * v2
85  a0 = Sqr(d ^ 2 + 8 * r0 * Abs(lt))
86  If Abs(lt) > d0 Then
87  a = v2 + (a0 - d) * Sgn(lt) / 2
88  Else
89  a = v2 + lt / h0
90  End If
91  If Abs(a) > d Then
92  fhan = -r0 * Sgn(a)
93  Else
94  fhan = -r0 * a / d
95  End If
96  lv1 = v1
97  lv2 = v2
98  lfhan = fhan
99  '线性扩张状态观测器
100 z1 = lz1 + t * (lz2 - beta01 * le10)
101 z2 = lz2 + t * (lz3 - beta02 * le10 + b * lu)
102 z3 = lz3 + t * (-beta03 * le10)
103 e10 = z1 - y
104 lz1 = z1
105 lz2 = z2
106 lz3 = z3
107 le10 = e10
108 '线性反馈控制律
109 e1 = v1 - z1
110 e2 = v2 - z2
111 u0 = beta1 * e1 + beta2 * e2
112 u = u0 - z3 / b
113 lu = u
114 '控制量限幅
```

```
115 pda = u + 2048
116 If pda >= 2048 + ud Then
117 pda = 2048 + ud
118 End If
119 If pda <= 2048 - ud Then
120 pda = 2048 - ud
121 End If
122 PCI2306_WriteDeviceProDA hDevice, pda, channeLN
123 Function initiate() '初始化参数和变量初值等(加载窗口时更新数据,仅
    一次)
124 hDevice = PCI2306_CreateDevice(0)
125 If hDevice = INVALID_HANDLE_VALUE Then
126 End
127 End If
128 ud = 1000
129 t = 0.005
130 Nd = 6       '参数个数
131 Nb = 6       '目标函数个数
132 N = 11       '粒子群进化代数
133 M = 50       '粒子个数
134 wmax = 0.9   '惯性系数上界
135 wmin = 0.4   '惯性系数下界
136 c1 = 2       '学习因子
137 c2 = 2       '学习因子
138 '线性自抗扰控制器的参数及初值
139 r0 = 50000        '速度因子
140 h0 = 0.0028        '滤波因子(平滑因子)
141 d = r0 * h0
142 d0 = h0 * d
143 delta0 = 0.01
144 alpha02 = 0.75
145 alpha03 = 0.5
146 delta = 0.01
147 alpha1 = 0.75
148 alpha2 = 0.5
149 End Function
150 Function initiate4() '参数初始化
151 '参数变化范围
152 lowBOUND(1) = 4       'b 的下界
153 upBOUND(1) = 40       'b 的上界
154 lowBOUND(2) = 2       'beta1 的下界
155 upBOUND(2) = 200      'beta1 的上界
156 lowBOUND(3) = 4       'beta2 的下界
157 upBOUND(3) = 12       'beta2 的上界
158 lowBOUND(4) = 50      'beta01 的下界
159 upBOUND(4) = 250      'beta01 的上界
```

```
160 lowBOUND(5) = 2000    'beta02 的下界
161 upBOUND(5) = 12000    'beta02 的上界
162 lowBOUND(6) = 10000    'beta03 的下界
163 upBOUND(6) = 80000    'beta03 的上界
164 '参数变化速度范围+/-Vmax=0.2*搜索范围
165 upV(1) = 4
166 lowV(1) = -4
167 upV(2) = 20
168 lowV(2) = -20
169 upV(3) = 1
170 lowV(3) = -1
171 upV(4) = 40
172 lowV(4) = -40
173 upV(5) = 1000
174 lowV(5) = -1000
175 upV(6) = 5000
176 lowV(6) = -5000
177 Dim I10 As Integer
178 Dim I20 As Integer
179 Dim I30 As Integer
180 NG = 1 '初始种群(第一代)
181 I10 = NG
182 For I20 = 1 To M
183 For I30 = 1 To Nd
184 Randomize
185 Theta(I10, I20, I30) = lowBOUND(I30) + Rnd * (upBOUND(I30) -
    lowBOUND(I30))
186 V(I20, I30) = lowV(I30) + Rnd * (upV(I30) - lowV(I30)) '初始
    化粒子个体变化速度初值
187 lastV(I20, I30) = V(I20, I30)
188 Next I30
189 Next I20
190 Open "D:\ADRC\daNG.txt" For Output As #1 '保存当前遗传代数
191 Write #1, NG
192 Close #1
193 Open "D:\ADRC\daThetak.txt" For Output As #2 '保存粒子群
194 For I20 = 1 To M
195 For I30 = 1 To Nd
196 Write #2, Theta(I10, I20, I30)
197 Next I30
198 Next I20
199 Close #2
200 End Function
201 Function readda1() '读取数据
202 Open "D:\ADRC\daNG.txt" For Input As #3 '读取当前遗传代数
203 Input #3, NG
```

```
204 Close #3
205 lastNG = NG
206 End Function
207 Function readda() '读取数据
208 Dim I10 As Integer
209 Dim I20 As Integer
210 Dim I30 As Integer
211 Dim I40 As Integer
212 Dim I50 As Integer
213 Dim I60 As Integer
214 Open "D:\ADRC\daNG.txt" For Input As #3 '读取当前遗传代数
215 Input #3, NG
216 Close #3
217 If NG = 1 Then
218 Open "D:\ADRC\daThetak.txt" For Input As #4 '读取粒子群
219 For I20 = 1 To M
220 For I30 = 1 To Nd
221 Input #4, Theta(NG, I20, I30)
222 Next I30
223 Next I20
224 Close #4
225 Else
226 Open "D:\ADRC\daThetak.txt" For Input As #5 '读取粒子群
227 For I10 = 1 To NG
228 For I20 = 1 To M
229 For I30 = 1 To Nd
230 Input #5, Theta(I10, I20, I30)
231 Next I30
232 Next I20
233 Next I10
234 Close #5
235 Open "D:\ADRC\daErrk.txt" For Input As #6 '读取粒子群目标函数值
236 For I10 = 1 To (NG - 1)
237 For I20 = 1 To M
238 For I40 = 1 To (Nb + 1)
239 Input #6, Err(I10, I20, I40)
240 Next I40
241 Next I20
242 Next I10
243 Close #6
244 Open "D:\ADRC\dapbestk.txt" For Input As #7 '读取个体最优解
245 For I20 = 1 To M
246 For I30 = 1 To Nd
247 Input #7, pbest(I20, I30)
248 Next I30
249 Next I20
```

```
250  Close #7
251  Open "D:\ADRC\daErr_pbestk.txt" For Input As #8  '读取个体最优
     解对应的误差
252  For I20 = 1 To M
253  For I40 = 1 To (Nb + 1)
254  Input #8, Err_pbest(I20, I40)
255  Next I40
256  Next I20
257  Close #8
258  End If
259  End Function
260  '取 Theta 矩阵中的参数程序
```

4）例程 7-4　线性 ADRC+DE 程序

```
1    'ADRC+DE 变量定义 (线性、非线性均适用)
2    Public F As Double                        '变异因子
3    Public F0 As Double                       '变异算子
4    Public lambda As Double                    '变异算子
5    Public CR As Double                       '交叉概率
6    Public Nd As Integer                       '参数个数
7    Public Nb As Integer                       '目标函数个数
8    Public NG As Integer                       '当前遗传代数
9    Public lastNG As Integer                     '上次保存的遗传代数
10   Public I2 As Integer   '粒子群个体序号
11   Public flagb As Integer    '不同给定曲线标记序号
12   Public xTheta(1 To 50, 1 To 6) As Double
13   Public xErr(1 To 50, 1 To 7) As Double
14   Public vTheta(1 To 50, 1 To 6) As Double
15   Public uTheta(1 To 50, 1 To 6) As Double
16   Public uErr(1 To 50, 1 To 7) As Double
17   Public r1 As Integer
18   Public r2 As Integer
19   Public r3 As Integer
20   Public r4 As Integer
21   Public r5 As Integer
22   Public r6 As Integer
23   Public flag As Integer
24   Public ED(1 To 100) As Double
25   Public Index_gbest As Integer
26   Public I1 As Integer   '遗传代数
27   Public I3 As Integer   '参数序号
28   Public I4 As Integer   '目标函数序号
29   Public I5 As Integer
30   'ADRC 变量
31   Dim d0 As Double
```

```
32    Dim d As Double
33    Dim lt As Double
34    Dim a0 As Double
35    Dim a As Double
36    Dim fhan As Double
37    Dim lfhan As Double
38    Dim v1 As Double
39    Dim v2 As Double
40    Dim lv1 As Double
41    Dim lv2 As Double
42    Dim z1 As Double
43    Dim z2 As Double
44    Dim z3 As Double
45    Dim lz1 As Double
46    Dim lz2 As Double
47    Dim lz3 As Double
48    Dim e10 As Double
49    Dim le10 As Double
50    Dim e1 As Double
51    Dim e2 As Double
52    Dim lu As Double
53    Dim u0 As Double
54    Dim dyd As Double
55    Dim lyd As Double
56    Public b As Double
57    Public r0 As Double
58    Public h0 As Double
59    Public delta0 As Double
60    Public beta01 As Double
61    Public beta02 As Double
62    Public beta03 As Double
63    Public alpha02 As Double
64    Public alpha03 As Double
65    Public delta As Double
66    Public beta1 As Double
67    Public beta2 As Double
68    Public alpha1 As Double
69    Public alpha2 As Double
70    '线性 ADRC+DE
71    '跟踪微分器对给定信号进行微分
72    v1 = lv1 + t * lv2
73    v2 = lv2 + t * lfhan
74    lt = v1 - yd + h0 * v2
75    a0 = Sqr(d ^ 2 + 8 * r0 * Abs(lt))
76    If Abs(lt) > d0 Then
77    a = v2 + (a0 - d) * Sgn(lt) / 2
```

```
78    Else
79    a = v2 + lt / h0
80    End If
81    If Abs(a) > d Then
82    fhan = -r0 * Sgn(a)
83    Else
84    fhan = -r0 * a / d
85    End If
86    lv1 = v1
87    lv2 = v2
88    lfhan = fhan
89    '线性扩张状态观测器
90    z1 = lz1 + t * (lz2 - beta01 * le10)
91    z2 = lz2 + t * (lz3 - beta02 * le10 + b * lu)
92    z3 = lz3 + t * (-beta03 * le10)
93    e10 = z1 - y
94    lz1 = z1
95    lz2 = z2
96    lz3 = z3
97    le10 = e10
98    '线性反馈控制律
99    e1 = v1 - z1
100   e2 = v2 - z2
101   u0 = beta1 * e1 + beta2 * e2
102   u = u0 - z3 / b
103   lu = u
104   '控制量限幅
105   pda = u + 2048
106   If pda >= 2048 + ud Then
107   pda = 2048 + ud
108   End If
109   If pda <= 2048 - ud Then
110   pda = 2048 - ud
111   End If
112   '送出控制量
113   PCI2306_WriteDeviceProDA hDevice, pda, channeLN
114   Function initiate()  '初始化参数和变量初值等(加载窗口时更新数据, 仅
      一次)
115   hDevice = PCI2306_CreateDevice(0)
116   If hDevice = INVALID_HANDLE_VALUE Then
117   End
118   End If
119   ud = 1000
120   t = 0.005
121   Nd = 6      '参数个数
122   Nb = 6      '目标函数个数
```

```
123  N = 11          '种群进化代数
124  M = 50          '种群个体大小
125  F0 = 0.5        '变异算子
126  CR = 0.9        '交叉概率
127  '线性自抗扰控制器的参数及初值
128  r0 = 50000      '速度因子
129  h0 = 0.0028        '滤波因子(平滑因子)
130  d = r0 * h0
131  d0 = h0 * d
132  delta0 = 0.01
133  alpha02 = 0.75
134  alpha03 = 0.5
135  delta = 0.01
136  alpha1 = 0.75
137  alpha2 = 0.5
138  End Function
139  Function initiate4() '参数初始化
140  '参数变化范围
141  lowBOUND(1) = 4       'b 的下界
142  upBOUND(1) = 40       'b 的上界
143  lowBOUND(2) = 2     'beta1 的下界
144  upBOUND(2) = 200      'beta1 的上界
145  lowBOUND(3) = 4      'beta2 的下界
146  upBOUND(3) = 12      'beta2 的上界
147  lowBOUND(4) = 50     'beta01 的下界
148  upBOUND(4) = 250     'beta01 的上界
149  lowBOUND(5) = 2000    'beta02 的下界
150  upBOUND(5) = 12000    'beta02 的上界
151  lowBOUND(6) = 10000    'beta03 的下界
152  upBOUND(6) = 80000    'beta03 的上界
153  Dim I10 As Integer
154  Dim I20 As Integer
155  Dim I30 As Integer
156  NG = 1 '当前进化代数 NG
157  Open "D:\ADRC\daNG.txt" For Output As #1 '保存当前遗传代数 NG
158  Write #1, NG
159  Close #1
160  I10 = 1 '初始种群
161  For I20 = 1 To M
162  For I30 = 1 To Nd
163  Randomize
164  Theta(I10, I20, I30) = lowBOUND(I30) + Rnd * (upBOUND(I30) -
165  lowBOUND(I30)) '初始化参数
166  Next I30
167  Next I20
168  Open "D:\ADRC\daThetak.txt" For Output As #2 '保存参数 Theta
```

```
169  For I20 = 1 To M
170  For I30 = 1 To Nd
171  Write #2, Theta(I10, I20, I30)
172  Next I30
173  Next I20
174  Close #2
175  End Function
176  Function readdaNG()  '读取进化代数
177  Open "D:\ADRC\daNG.txt" For Input As #3 '读取当前遗传代数
178  Input #3, NG
179  Close #3
180  lastNG = NG
181  End Function
182  Function readda()  '读取数据
183  Dim I10 As Integer
184  Dim I20 As Integer
185  Dim I30 As Integer
186  Dim I40 As Integer
187  Open "D:\ADRC\daNG.txt" For Input As #4 '读取当前遗传代数
188  Input #4, NG
189  Close #4
190  If NG = 1 Then
191  Open "D:\ADRC\daThetak.txt" For Input As #5 '读取参数 Theta
192  For I20 = 1 To M
193  For I30 = 1 To Nd
194  Input #5, Theta(1, I20, I30)
195  Next I30
196  Next I20
197  Close #5
198  Else
199  Open "D:\ADRC\daThetak.txt" For Input As #6 '参数 Theta
200  For I10 = 1 To (NG - 1)
201  For I20 = 1 To M
202  For I30 = 1 To Nd
203  Input #6, Theta(I10, I20, I30)
204  Next I30
205  Next I20
206  Next I10
207  Close #6
208  Open "D:\ADRC\daErrk.txt" For Input As #7 '读取目标函数值 Err
209  For I10 = 1 To (NG - 1)
210  For I20 = 1 To M
211  For I40 = 1 To (Nb + 1)
212  Input #7, Err(I10, I20, I40)
213  Next I40
214  Next I20
```

```
215    Next I10
216    Close #7
217    End If
218    End Function
219    Function saveda() '保存数据
220    Dim I10 As Integer
221    Dim I20 As Integer
222    Dim I30 As Integer
223    Dim I40 As Integer
224    Open "D:\ADRC\daNG.txt" For Output As #8 '保存取当前遗传代数
225    Write #8, NG
226    Close #8
227    Open "D:\ADRC\daThetak.txt" For Output As #9 '保存参数 Theta
228    For I10 = 1 To (NG - 1)
229    For I20 = 1 To M
230    For I30 = 1 To Nd
231    Write #9, Theta(I10, I20, I30)
232    Next I30
233    Next I20
234    Next I10
235    Close #9
236    Open "D:\ADRC\daErrk.txt" For Output As #10 '保存目标函数值 Err
237    For I10 = 1 To (NG - 1)
238    For I20 = 1 To M
239    For I40 = 1 To (Nb + 1)
240    Write #10, Err(I10, I20, I40)
241    Next I40
242    Next I20
243    Next I10
244    Close #10
245    End Function
246    '取 Theta 矩阵中的参数
```

5）例程 7-5 非线性 ADRC 程序

```
1     '非线性 ADRC 变量
2     Dim r0 As Double
3     Dim h0 As Double
4     Dim d0 As Double
5     Dim d As Double
6     Dim lt As Double
7     Dim a0 As Double
8     Dim a As Double
9     Dim fhan As Double
10    Dim lfhan As Double
11    Dim v1 As Double
```

```
12    Dim v2 As Double
13    Dim lv1 As Double
14    Dim lv2 As Double
15    Dim dyd As Double
16    Dim lyd As Double
17    Dim b As Double
18    Dim lu As Double
19    Dim u0 As Double
20    Dim z1 As Double
21    Dim z2 As Double
22    Dim z3 As Double
23    Dim lz1 As Double
24    Dim lz2 As Double
25    Dim lz3 As Double
26    Dim e10 As Double
27    Dim le10 As Double
28    Dim delta0 As Double
29    Dim beta01 As Double
30    Dim beta02 As Double
31    Dim beta03 As Double
32    Dim alpha02 As Double
33    Dim alpha03 As Double
34    Dim e1 As Double
35    Dim e2 As Double
36    Dim delta As Double
37    Dim beta1 As Double
38    Dim beta2 As Double
39    Dim alpha1 As Double
40    Dim alpha2 As Double
41    '非线性 ADRC
42    '跟踪微分器对给定信号进行微分
43    v1 = lv1 + t * lv2
44    v2 = lv2 + t * lfhan
45    lt = v1 - yd + h0 * v2
46    a0 = Sqr(d ^ 2 + 8 * r0 * Abs(lt))
47    If Abs(lt) > d0 Then
48    a = v2 + (a0 - d) * Sgn(lt) / 2
49    Else
50    a = v2 + lt / h0
51    End If
52    If Abs(a) > d Then
53    fhan = -r0 * Sgn(a)
54    Else
55    fhan = -r0 * a / d
56    End If
57    lv1 = v1
```

```
58    lv2 = v2
59    lfhan = fhan
60    e00 = y - v1
61    '扩张状态观测器
62    z1 = lz1 + t * (lz2 - beta01 * le10)
63    z2 = lz2 + t * (lz3 - beta02 * fal(le10, alpha02, delta0) + b
      * lu)
64    z3 = lz3 + t * (-beta03 * fal(le10, alpha03, delta0))
65    e10 = z1 - y
66    lz1 = z1
67    lz2 = z2
68    lz3 = z3
69    le10 = e10
70    e1 = v1 - z1
71    e2 = v2 - z2
72    u0 = beta1 * fal(e1, alpha1, delta) + beta2 * fal(e2, alpha2,
      delta)
73    u = u0 - z3 / b
74    lu = u
75    '控制量限幅
76    pda = u + 2048
77    If pda >= 2048 + ud Then
78    pda = 2048 + ud
79    End If
80    If pda <= 2048 - ud Then
81    pda = 2048 - ud
82    End If
83    '送出控制量
84    PCI2306_WriteDeviceProDA hDevice, pda, channeLN
85    '非线性 ADRC 的参数及初值
86    lv1 = 0
87    lv2 = 0
88    lfhan1 = 0
89    lyd = 0
90    lz1 = 0
91    lz2 = 0
92    lz3 = 0
93    le10 = 0
94    lu = 0
95    r0 = 50000          '速度因子
96    h0 = 0.0028              '滤波因子(平滑因子)
97    d = r0 * h0
98    d0 = h0 * d
99    ud = 1000                '控制量限幅
100   delta0 = 0.01
101   alpha02 = 0.75
```

```
102   alpha03 = 0.5
103   delta = 0.01
104   alpha1 = 0.75
105   alpha2 = 0.5
106   b = 27.5 '调参结果      '[5—50]
107   beta1 = 300            '[100————500]
108   beta2 = 50             '[20————80]
109   beta01 = 150          '[50————250]
110   beta02 = 25000        '[5000——35000]
111   beta03 = 30000        '[10000——100000]
112   End Function
```

6）例程 7-6 非线性 ADRC+GA 程序

```
1     '非线性 ADRC+GA 变量
2     Public tempRndC As Double              '随机数
3     Public tempRndM As Double              '随机数
4     '非线性 ADRC+GA
5     '跟踪微分器对给定信号进行微分
6     v1 = lv1 + t * lv2
7     v2 = lv2 + t * lfhan
8     lt = v1 - yd + h0 * v2
9     a0 = Sqr(d ^ 2 + 8 * r0 * Abs(lt))
10    If Abs(lt) > d0 Then
11    a = v2 + (a0 - d) * Sgn(lt) / 2
12    Else
13    a = v2 + lt / h0
14    End If
15    If Abs(a) > d Then
16    fhan = -r0 * Sgn(a)
17    Else
18    fhan = -r0 * a / d
19    End If
20    lv1 = v1
21    lv2 = v2
22    lfhan = fhan
23    '扩张状态观测器
24    z1 = lz1 + t * (lz2 - beta01 * le10)
25    z2 = lz2 + t * (lz3 - beta02 * fal(le10, alpha02, delta0) + b
      * lu)
26    z3 = lz3 + t * (-beta03 * fal(le10, alpha03, delta0))
27    e10 = z1 - y
28    lz1 = z1
29    lz2 = z2
30    lz3 = z3
31    le10 = e10
```

```
32   e1 = v1 - z1
33   e2 = v2 - z2
34   u0 = beta1 * fal(e1, alpha1, delta) + beta2 * fal(e2, alpha2,
     delta)
35   u = u0 - z3 / b
36   lu = u
37   '控制量限幅
38   pda = u + 2048
39   If pda >= 2048 + ud Then
40   pda = 2048 + ud
41   End If
42   If pda <= 2048 - ud Then
43   pda = 2048 - ud
44   End If
45   '送出控制量
46   PCI2306_WriteDeviceProDA hDevice, pda, channeLN
47   Function initiate() '初始化参数和变量初值等(加载窗口时更新数据，仅
     一次)
48   hDevice = PCI2306_CreateDevice(0)
49   If hDevice = INVALID_HANDLE_VALUE Then
50   End
51   End If
52   ud = 1000
53   t = 0.005
54   '遗传优化算法参数
55   Nb = 6          '目标函数个数
56   Nd = 6          '参数个数
57   N = 11          '遗传代数
58   M = 50          '种群个数
59   Pc = 0.9        '交叉概率
60   Pm = 0.01       '变异概率
61   '非线性自抗扰控制器的参数及初值
62   r0 = 50000          '速度因子
63   h0 = 0.0028             '滤波因子(平滑因子)
64   d = r0 * h0
65   d0 = h0 * d
66   delta0 = 0.01
67   alpha02 = 0.75
68   alpha03 = 0.5
69   delta = 0.01
70   alpha1 = 0.75
71   alpha2 = 0.5
72   End Function
73   Function initiate4() '生成初始种群
74   '各变量变化范围
75   lowBOUND(1) = 5          'b 的下界
```

```
76   upBOUND(1) = 50          'b 的上界
77   lowBOUND(2) = 100        'beta1 的下界
78   upBOUND(2) = 500         'beta1 的上界
79   lowBOUND(3) = 20         'beta2 的下界
80   upBOUND(3) = 80          'beta2 的上界
81   lowBOUND(4) = 50         'beta01 的下界
82   upBOUND(4) = 250         'beta01 的上界
83   lowBOUND(5) = 5000       'beta02 的下界
84   upBOUND(5) = 35000       'beta02 的上界
85   lowBOUND(6) = 10000      'beta03 的下界
86   upBOUND(6) = 100000      'beta03 的上界
87   Dim I10 As Integer
88   Dim I20 As Integer
89   Dim I30 As Integer
90   NG = 1
91   Open "D:\ADRC\daNG.txt" For Output As #1 '保存当前遗传代数
92   Write #1, NG
93   Close #1
94   I10 = 1
95   For I20 = 1 To M
96   For I30 = 1 To Nd
97   Randomize
98   Theta(I10, I20, I30) = lowBOUND(I30) + Rnd * (upBOUND(I30) -
     lowBOUND(I30))
99   Next I30
100  Next I20
101  Open "D:\ADRC\daThetak.txt" For Output As #2 '将数据保存至文本
102  For I20 = 1 To M
103  For I30 = 1 To Nd
104  Write #2, Theta(I10, I20, I30)
105  Next I30
106  Next I20
107  Close #2
108  End Function
109  Function readdaNG() '读取进化代数
110  Open "D:\ADRC\daNG.txt" For Input As #3 '读取当前遗传代数
111  Input #3, NG
112  Close #3
113  lastNG = NG
114  End Function
115  Function readda() '读取数据
116  Dim I10 As Integer
117  Dim I20 As Integer
118  Dim I30 As Integer
119  Open "D:\ADRC\daNG.txt" For Input As #4 '读取当前遗传代数
120  Input #4, NG
```

```
121    Close #4
122    Open "D:\ADRC\daThetak.txt" For Input As #5 '参数 Theta
123    For I10 = 1 To NG
124    For I20 = 1 To M
125    For I30 = 1 To Nd
126    Input #5, Theta(I10, I20, I30)
127    Next I30
128    Next I20
129    Next I10
130    Close #5
131    End Function
132    Function saveda() '保存数据
133    Dim I10 As Integer
134    Dim I20 As Integer
135    Dim I30 As Integer
136    Dim I40 As Integer
137    Open "D:\ADRC\daNG.txt" For Output As #8 '保存当前遗传代数
138    Write #8, NG
139    Close #8
140    Open "D:\ADRC\daThetak.txt" For Output As #9 '保存参数 Theta
141    For I10 = 1 To NG
142    For I20 = 1 To M
143    For I30 = 1 To Nd
144    Write #9, Theta(I10, I20, I30)
145    Next I30
146    Next I20
147    Next I10
148    Close #9
149    Open "D:\ADRC\daErrk.txt" For Output As #10 '保存目标函数值 Err
150    For I10 = 1 To (NG - 1)
151    For I20 = 1 To M
152    For I40 = 1 To (Nb + 1)
153    Write #10, Err(I10, I20, I40)
154    Next I40
155    Next I20
156    Next I10
157    Close #10
158    End Function
159    '存于 cta 矩阵中的参数程序
```

7）例程 7-7 非线性 ADRC+PSO 程序

```
1    '非线性 ADRC+PSO
2    '跟踪微分器对给定信号进行微分
3    v1 = lv1 + t * lv2
4    v2 = lv2 + t * lfhan
```

```
5    lt = v1 - yd + h0 * v2
6    a0 = Sqr(d ^ 2 + 8 * r0 * Abs(lt))
7    If Abs(lt) > d0 Then
8    a = v2 + (a0 - d) * Sgn(lt) / 2
9    Else
10   a = v2 + lt / h0
11   End If
12   If Abs(a) > d Then
13   fhan = -r0 * Sgn(a)
14   Else
15   fhan = -r0 * a / d
16   End If
17   lv1 = v1
18   lv2 = v2
19   lfhan = fhan
20   '扩张状态观测器
21   z1 = lz1 + t * (lz2 - beta01 * le10)
22   z2 = lz2 + t * (lz3 - beta02 * fal(le10, alpha02, delta0) + b
     * lu)
23   z3 = lz3 + t * (-beta03 * fal(le10, alpha03, delta0))
24   e10 = z1 - y
25   lz1 = z1
26   lz2 = z2
27   lz3 = z3
28   le10 = e10
29   e1 = v1 - z1
30   e2 = v2 - z2
31   u0 = beta1 * fal(e1, alpha1, delta) + beta2 * fal(e2, alpha2,
     delta)
32   u = u0 - z3 / b
33   lu = u
34   '将实际量转化为数字量
35   yd = yd * (4095 / 450) + zeropoint
36   y = y * (4095 / 450) + zeropoint
37   '控制量限幅
38   pda = u + 2048
39   If pda >= 2048 + ud Then
40   pda = 2048 + ud
41   End If
42   If pda <= 2048 - ud Then
43   pda = 2048 - ud
44   End If
45   '送出控制量
46   PCI2306_WriteDeviceProDA hDevice, pda, channeLN
47   Function initiate() '初始化参数和变量初值等(加载窗口时更新数据, 仅
     一次)
```

```
48   hDevice = PCI2306_CreateDevice(0)
49   If hDevice = INVALID_HANDLE_VALUE Then
50   End
51   End If
52   ud = 1000
53   t = 0.005
54   Nd = 6        '参数个数
55   Nb = 6        '目标函数个数
56   N = 11        '粒子群进化代数
57   M = 50        '粒子个数
58   wmax = 0.9    '惯性系数上界
59   wmin = 0.4    '惯性系数下界
60   c1 = 2        '学习因子
61   c2 = 2        '学习因子
62   '非线性自抗扰控制器的参数及初值
63   r0 = 50000        '速度因子
64   h0 = 0.0028       '滤波因子(平滑因子)
65   d = r0 * h0
66   d0 = h0 * d
67   delta0 = 0.01
68   alpha02 = 0.75
69   alpha03 = 0.5
70   delta = 0.01
71   alpha1 = 0.75
72   alpha2 = 0.5
73   End Function
74   Function initiate4()  '参数初始化
75   '参数变化范围
76   lowBOUND(1) = 5       'b 的下界
77   upBOUND(1) = 50       'b 的上界
78   lowBOUND(2) = 100     'beta1 的下界
79   upBOUND(2) = 500      'beta1 的上界
80   lowBOUND(3) = 20      'beta2 的下界
81   upBOUND(3) = 80       'beta2 的上界
82   lowBOUND(4) = 50      'beta01 的下界
83   upBOUND(4) = 250      'beta01 的上界
84   lowBOUND(5) = 5000    'beta02 的下界
85   upBOUND(5) = 35000    'beta02 的上界
86   lowBOUND(6) = 10000   'beta03 的下界
87   upBOUND(6) = 100000   'beta03 的上界
88   '参数变化速度范围+/-Vmax=0.2*搜索范围
89   upV(1) = 5
90   lowV(1) = -5
91   upV(2) = 80
92   lowV(2) = -80
93   upV(3) = 8
```

```
94   lowV(3) = -8
95   upV(4) = 40
96   lowV(4) = -40
97   upV(5) = 5000
98   lowV(5) = -5000
99   upV(6) = 10000
100  lowV(6) = -10000
101  Dim I10 As Integer
102  Dim I20 As Integer
103  Dim I30 As Integer
104  NG = 1 '初始种群(第一代)
105  I10 = NG
106  For I20 = 1 To M
107  For I30 = 1 To Nd
108  Randomize
109  'Theta 初始化程序
110  '初始化粒子个体变化速度程序
111  lastV(I20, I30) = V(I20, I30)
112  Next I30
113  Next I20
114  Open "D:\ADRC\daNG.txt" For Output As #1 '保存当前遗传代数
115  Write #1, NG
116  Close #1
117  Open "D:\ADRC\daThetak.txt" For Output As #2 '保存粒子群
118  For I20 = 1 To M
119  For I30 = 1 To Nd
120  Write #2, Theta(I10, I20, I30)
121  Next I30
122  Next I20
123  Close #2
124  End Function
125  Function readda1() '读取数据
126  Open "D:\ADRC\daNG.txt" For Input As #3 '读取当前遗传代数
127  Input #3, NG
128  Close #3
129  lastNG = NG
130  End Function
131  Function readda() '读取数据
132  Dim I10 As Integer
133  Dim I20 As Integer
134  Dim I30 As Integer
135  Dim I40 As Integer
136  Dim I50 As Integer
137  Dim I60 As Integer
138  Open "D:\ADRC\daNG.txt" For Input As #3 '读取当前遗传代数
139  Input #3, NG
```

```
140  Close #3
141  If NG = 1 Then
142  Open "D:\ADRC\daThetak.txt" For Input As #4  '读取粒子群
143  For I20 = 1 To M
144  For I30 = 1 To Nd
145  Input #4, Theta(NG, I20, I30)
146  Next I30
147  Next I20
148  Close #4
149  Else
150  Open "D:\ADRC\daThetak.txt" For Input As #5  '读取粒子群
151  For I10 = 1 To NG
152  For I20 = 1 To M
153  For I30 = 1 To Nd
154  Input #5, Theta(I10, I20, I30)
155  Next I30
156  Next I20
157  Next I10
158  Close #5
159  Open "D:\ADRC\daErrk.txt" For Input As #6  '读取粒子群目标函数值
160  For I10 = 1 To (NG - 1)
161  For I20 = 1 To M
162  For I40 = 1 To (Nb + 1)
163  Input #6, Err(I10, I20, I40)
164  Next I40
165  Next I20
166  Next I10
167  Close #6
168  Open "D:\ADRC\dapbestk.txt" For Input As #7  '读取个体最优解
169  For I20 = 1 To M
170  For I30 = 1 To Nd
171  Input #7, pbest(I20, I30)
172  Next I30
173  Next I20
174  Close #7
175  Open "D:\ADRC\daErr_pbestk.txt" For Input As #8  '读取个体最优
     解对应的误差
176  For I20 = 1 To M
177  For I40 = 1 To (Nb + 1)
178  Input #8, Err_pbest(I20, I40)
179  Next I40
180  Next I20
181  Close #8
182  End If
183  End Function
184  '取放于 Theta 矩阵中的参数程序
```

8）例程 7-8 非线性 ADRC+DE 程序

```
1    '非线性 ADRC+DE 变量
2    Public r1 As Integer
3    Public r2 As Integer
4    Public r3 As Integer
5    Public r4 As Integer
6    Public r5 As Integer
7    Public r6 As Integer
8    Public flag As Integer
9    Public xTheta(1 To 50, 1 To 6) As Double
10   Public xErr(1 To 50, 1 To 7) As Double
11   Public vTheta(1 To 50, 1 To 6) As Double
12   Public uTheta(1 To 50, 1 To 6) As Double
13   Public uErr(1 To 50, 1 To 7) As Double
14   Public ED(1 To 100) As Double
15   Public Index_gbest As Integer
16   Public I1 As Integer    '遗传代数
17   Public I3 As Integer    '参数序号
18   Public I4 As Integer    '目标函数序号
19   Public I5 As Integer
20   '非线性 ADRC+DE
21   '跟踪微分器对给定信号进行微分
22   v1 = lv1 + t * lv2
23   v2 = lv2 + t * lfhan
24   lt = v1 - yd + h0 * v2
25   a0 = Sqr(d ^ 2 + 8 * r0 * Abs(lt))
26   If Abs(lt) > d0 Then
27   a = v2 + (a0 - d) * Sgn(lt) / 2
28   Else
29   a = v2 + lt / h0
30   End If
31   If Abs(a) > d Then
32   fhan = -r0 * Sgn(a)
33   Else
34   fhan = -r0 * a / d
35   End If
36   lv1 = v1
37   lv2 = v2
38   lfhan = fhan
39   '扩张状态观测器
40   z1 = lz1 + t * (lz2 - beta01 * le10)
41   z2 = lz2 + t * (lz3 - beta02 * fal(le10, alpha02, delta0) + b
     * lu)
42   z3 = lz3 + t * (-beta03 * fal(le10, alpha03, delta0))
43   e10 = z1 - y
```

```
44   lz1 = z1
45   lz2 = z2
46   lz3 = z3
47   le10 = e10
48   '非线性反馈控制率
49   e1 = v1 - z1
50   e2 = v2 - z2
51   u0 = beta1 * fal(e1, alpha1, delta) + beta2 * fal(e2, alpha2,
     delta)
52   u = u0 - z3 / b
53   lu = u
54   '控制量限幅
55   pda = u + 2048
56   If pda >= 2048 + ud Then
57   pda = 2048 + ud
58   End If
59   If pda <= 2048 - ud Then
60   pda = 2048 - ud
61   End If
62   '送出控制量
63   PCI2306_WriteDeviceProDA hDevice, pda, channeLN
64   Function initiate() '初始化参数和变量初值等(加载窗口时更新数据，仅
     一次)
65   hDevice = PCI2306_CreateDevice(0)
66   If hDevice = INVALID_HANDLE_VALUE Then
67   End
68   End If
69   ud = 1000
70   t = 0.005
71   Nd = 6      '参数个数
72   Nb = 6      '目标函数个数
73   N = 11      '种群进化代数
74   M = 50      '种群个体大小
75   F0 = 0.5    '变异算子
76   CR = 0.9    '交叉概率
77   '非线性 ADRC 的参数及初值
78   r0 = 50000      '速度因子
79   h0 = 0.0028        '滤波因子(平滑因子)
80   d = r0 * h0
81   d0 = h0 * d
82   delta0 = 0.01
83   alpha02 = 0.75
84   alpha03 = 0.5
85   delta = 0.01
86   alpha1 = 0.75
87   alpha2 = 0.5
```

```
88   End Function
89   Function initiate4() '参数初始化
90   '参数变化范围
91   lowBOUND(1) = 5        'b 的下界
92   upBOUND(1) = 50        'b 的上界
93   lowBOUND(2) = 100      'beta1 的下界
94   upBOUND(2) = 500       'beta1 的上界
95   lowBOUND(3) = 20       'beta2 的下界
96   upBOUND(3) = 80        'beta2 的上界
97   lowBOUND(4) = 50       'beta01 的下界
98   upBOUND(4) = 250       'beta01 的上界
99   lowBOUND(5) = 5000     'beta02 的下界
100  upBOUND(5) = 35000     'beta02 的上界
101  lowBOUND(6) = 10000    'beta03 的下界
102  upBOUND(6) = 100000    'beta03 的上界
103  Dim I10 As Integer
104  Dim I20 As Integer
105  Dim I30 As Integer
106  NG = 1 '当前进化代数 NG
107  Open "D:\ADRC\daNG.txt" For Output As #1 '保存当前遗传代数 NG
108  Write #1, NG
109  Close #1
110  I10 = 1 '初始种群
111  For I20 = 1 To M
112  For I30 = 1 To Nd
113  Randomize
114  '初始化参数程序
115  Next I30
116  Next I20
117  Open "D:\ADRC\daThetak.txt" For Output As #2 '保存参数 Theta
118  For I20 = 1 To M
119  For I30 = 1 To Nd
120  Write #2, Theta(I10, I20, I30)
121  Next I30
122  Next I20
123  Close #2
124  End Function
125  Function readdaNG() '读取进化代数
126  Open "D:\ADRC\daNG.txt" For Input As #3 '读取当前遗传代数
127  Input #3, NG
128  Close #3
129  lastNG = NG
130  End Function
131  Function readda() '读取数据
132  Dim I10 As Integer
133  Dim I20 As Integer
```

```
134  Dim I30 As Integer
135  Dim I40 As Integer
136  Open "D:\ADRC\daNG.txt" For Input As #4 '读取当前遗传代数
137  Input #4, NG
138  Close #4
139  If NG = 1 Then
140  Open "D:\ADRC\daThetak.txt" For Input As #5 '读取参数 Theta
141  For I20 = 1 To M
142  For I30 = 1 To Nd
143  Input #5, Theta(1, I20, I30)
144  Next I30
145  Next I20
146  Close #5
147  Else
148  Open "D:\ADRC\daThetak.txt" For Input As #6 '参数 Theta
149  For I10 = 1 To (NG - 1)
150  For I20 = 1 To M
151  For I30 = 1 To Nd
152  Input #6, Theta(I10, I20, I30)
153  Next I30
154  Next I20
155  Next I10
156  Close #6
157  Open "D:\ADRC\daErrk.txt" For Input As #7 '读取目标函数值 Err
158  For I10 = 1 To (NG - 1)
159  For I20 = 1 To M
160  For I40 = 1 To (Nb + 1)
161  Input #7, Err(I10, I20, I40)
162  Next I40
163  Next I20
164  Next I10
165  Close #7
166  End If
167  End Function
168  Function saveda() '保存数据
169  Open "D:\ADRC\daNG.txt" For Output As #8 '保存当前遗传代数
170  Write #8, NG
171  Close #8
172  Open "D:\ADRC\daThetak.txt" For Output As #9 '保存参数 Theta
173  For I10 = 1 To (NG - 1)
174  For I20 = 1 To M
175  For I30 = 1 To Nd
176  Write #9, Theta(I10, I20, I30)
177  Next I30
178  Next I20
179  Next I10
```

```
180   Close #9
181   Open "D:\ADRC\daErrk.txt" For Output As #10 '保存目标函数值 Err
182   For I10 = 1 To (NG - 1)
183   For I20 = 1 To M
184   For I40 = 1 To (Nb + 1)
185   Write #10, Err(I10, I20, I40)
186   Next I40
187   Next I20
188   Next I10
189   Close #10
190   End Function
191   '在 Theta 中取参数程序
```

参 考 文 献

[1] HAN J. From PID to active disturbance rejection control[J]. IEEE Transactions on Industrial Electronics, 2009, 56(3): 900-906.

[2] 韩京清. 自抗扰控制器及其应用[J]. 控制与决策, 1998, 13(1): 19-23.

[3] 韩京清. 自抗扰控制技术: 估计补偿不确定因素的控制技术[M]. 北京: 国防工业出版社, 2008.

[4] ZHAO L, YANG Y F, XIA Y Q, et al. Active disturbance rejection position control for a magnetic rodless pneumatic cylinder[J]. IEEE Transactions on Industrial Electronics, 2015, 62(9): 5838-5846.

[5] LIU Y T, KUNG T T, CHANG K M, et al. Observer-based adaptive sliding mode control for pneumatic servo system[J]. Precision Engineering, 2013, 37(3): 522-530.

[6] YANG Y, ZHAO L, FAN X, et al. Active disturbance rejection trajectory tracking control for pneumatic servo system based on backstepping approach[C]. 34th Chinese Control Conference, Hangzhou, China, 2015: 4308-4312.

[7] 周宏, 谭文. 线性自抗扰控制的抗饱和补偿措施[J]. 控制理论与应用, 2014, 31(11): 1457-1463.

[8] 任海鹏, 朱峰. 基于免疫克隆选择算法的无刷直流电动机自抗扰控制器优化设计[J]. 电机与控制学报, 2010, 14(9): 69-74.

[9] LI J, REN H P, ZHONG Y R. Robust speed control of induction motor drives employing first-order auto-disturbance rejection controllers[J]. IEEE Transactions on Industrial Applications, 2015, 51(1): 712-720.

[10] REN H P, HUANG X N, HAO J X. Finding robust adaptation gene regulatory networks using multi-objective genetic algorithm[J]. IEEE/ACM Transactions on Computational Biology and Bioinformatics, 2016, 13(3): 571-577.

[11] GUO X, REN H P, LIU D. Optimized PI controller design for three phase PFC converter based on multi-objective chaotic particle swarm optimization[J]. Journal of Power Electronics, 2016, 16(2): 610-620.

第8章 控制方向未知的气动位置伺服
系统自适应控制

现有的针对气动位置伺服系统提出的控制方法都假定系统的控制方向是已知的，当控制方向未知或发生变化时，目前的大多数控制方法无法实现控制。同时，在实际应用中，操作失误可能导致阀门输出连接错误，使得设计者无法确定控制方向，最终导致控制失效，甚至设备损坏。

8.1 控制方向未知的控制问题

图 8.1 所示为气动实验平台控制方向，系统比例阀的两个出口分别连接到气缸的气腔 A 和气腔 B（图 2.2）。图 8.1（a）所示的连接顺序定义为正向连接，图 8.1（b）所示的连接顺序定义为反向连接。两个阀出口和两个腔室之间的连接方式决定了控制增益方向。如果阀门出口和腔室之间的连接方式发生变化，控制增益方向会发生反转，导致控制系统故障，严重时甚至会造成实际应用中的灾难。同时，比例阀零点的输入电压为 0～10V，零点电压理论值为 5V，但是由于 D/A 转换精度和阀本身的原因，零点电压可能不是精确的 5V，阀零点电压的不准确性也降低了气动位置伺服系统的跟踪性能。

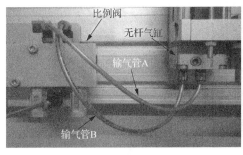 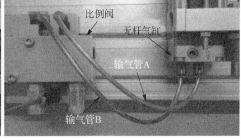

（a）正向 （b）反向

图 8.1 气动实验平台控制方向

本章针对气动位置伺服系统存在的上述控制方向未知的情况，即输气管正、反方向连接的两种连接方式以及不准确的比例阀零点，设计自适应控制器，使得当系统控制增益符号改变时，系统的输出依然能有效地跟踪期望曲线，同时考虑了阀零点不准确的问题。

8.2　基于 Nussbaum 函数的方向未知气动位置伺服系统自适应控制

8.2.1　Nussbaum 函数及其性质

Nussbaum 增益技术是处理控制方向未知问题的一种非常有效的方法。Nussbaum 函数定义如下。

如果函数 $N(\xi)$ 具有以下性质[1]：

$$\begin{cases} \limsup\limits_{s\to\infty}\dfrac{1}{s}\displaystyle\int_{s_0}^{s}N(\xi)\mathrm{d}\xi = +\infty \\ \liminf\limits_{s\to\infty}\dfrac{1}{s}\displaystyle\int_{s_0}^{s}N(\xi)\mathrm{d}\xi = -\infty \end{cases} \tag{8.1}$$

则称 $N(\xi)$ 为 Nussbaum 函数。Nussbaum 函数有 $\xi^2\cos(\xi)$、$e^{\xi^2}\cos(\xi)$、$\ln(\xi+1)\cos(\sqrt{\xi+1})$ 等，本章选取 $N(\xi)=\xi^2\cos(\xi)$。

8.2.2　反步自适应控制器设计

式（8.2）所示为气动位置伺服系统三阶线性模型设计反步自适应控制器。控制目标是使得系统在控制方向为正、负两种情况下，负载实际位置 y 都能渐进跟踪期望位置 y_d，即 $\lim\limits_{t\to\infty}\big[y(t)-y_\mathrm{d}(t)\big]=0$。

在设计控制器之前先做如下假设。

假设 1：期望位置 y_d 及其直至三阶导数分段均连续且有界。

气动位置伺服系统三阶线性模型为

$$\begin{cases} \dot{x}_1 = x_2 \\ \dot{x}_2 = x_3 \\ \dot{x}_3 = a_1x_1 + a_2x_2 + a_3x_3 + b(u+\Delta u) + d \\ y = x_1 \end{cases} \tag{8.2}$$

式中，$x_1=y$、$x_2=\dot{y}$、$x_3=\ddot{y}$ 为系统状态变量，分别表示滑块的位置、速度和加速度；a_1、a_2、a_3 为未知参数；b 为系统未知的控制增益；Δu 为比例阀零点；d 为内部和外部的扰动。

气动位置伺服系统三阶线性模型可进一步表示为

$$\begin{cases} \dot{x}_1 = x_2 \\ \dot{x}_2 = x_3 \\ \dot{x}_3 = a_1 x_1 + a_2 x_2 + a_3 x_3 + bu + d_1 \\ y = x_1 \end{cases} \tag{8.3}$$

式中，$d_1 = b\Delta u + d$ 为包括摩擦力、比例阀零点和其他内部/外部干扰的不确定项。

定义系统误差变量为

$$\begin{cases} z_1 = x_1 - y_d \\ z_2 = x_2 - \alpha_1 \\ z_3 = x_3 - \alpha_2 \end{cases} \tag{8.4}$$

式中，y_d 为期望位置信号；α_1、α_2 为虚拟控制量[2-4]。

则各个误差变量的导数为

$$\begin{cases} \dot{z}_1 = z_2 + \alpha_1 - \dot{y}_d \\ \dot{z}_2 = z_3 + \alpha_2 - \dot{\alpha}_1 \\ \dot{z}_3 = a_1 x_1 + a_2 x_2 + a_3 x_3 + bu + d_1 - \dot{\alpha}_2 \end{cases} \tag{8.5}$$

按照如下步骤针对气动位置伺服系统设计反步自适应控制器。

第一步：构造第一个 Lyapunov 函数为

$$v_1 = \frac{1}{2}z_1^2 \tag{8.6}$$

v_1 的导数为

$$\dot{v}_1 = z_1\dot{z}_1 = z_1 z_2 + z_1 \alpha_1 - \dot{y}_d z_1 \tag{8.7}$$

选择自适应律 α_1 为

$$\alpha_1 = \dot{y}_d - c_1 z_1 \tag{8.8}$$

式中，c_1 为正数。

则 v_1 的导数可表示为

$$\dot{v}_1 = z_1 z_2 - c_1 z_1^2 \tag{8.9}$$

若 $z_2 = 0$，则 $\dot{v}_1 = -c_1 z_1^2$，且能保证 z_1 趋近于 0。

第二步：构造第二个 Lyapunov 函数为

$$v_2 = v_1 + \frac{1}{2}z_2^2 \tag{8.10}$$

v_2 的导数为

$$\dot{v}_2 = \dot{v}_1 + z_2\dot{z}_2 = z_1 z_2 - c_1 z_1^2 + z_2 z_3 + \alpha_2 z_2 - \dot{\alpha}_1 z_2 \tag{8.11}$$

选择自适应律 α_2 为

$$\alpha_2 = \dot{\alpha}_1 - c_2 z_2 - z_1 \tag{8.12}$$

式中，c_2 为正数。

则 v_2 的导数可表示为

$$\dot{v}_2 = z_2 z_3 - c_1 z_1^2 - c_2 z_2^2 \tag{8.13}$$

若 $z_3 = 0$，则 $\dot{v}_2 = -c_1 z_1^2 - c_2 z_2^2$，且能保证 z_1、z_2 趋近于 0。

第三步：构造参数向量 $\theta = \begin{bmatrix} 1 & \alpha_1 & \alpha_2 & \alpha_3 \end{bmatrix}^T$，定义 $\hat{\theta}$ 为 θ 的估计值。选择第三个 Lyapunov 函数为

$$v_3 = v_2 + \frac{1}{2} z_3^2 + \frac{1}{2} \tilde{\theta}^T \Gamma^{-1} \tilde{\theta} + \frac{1}{2\varepsilon} \tilde{d}_1^2 \tag{8.14}$$

式中，$\tilde{\theta} = \hat{\theta} - \theta$ 为参数估计误差；$\Gamma = \Gamma^T$ 为正定矩阵；$\tilde{d}_1 = \hat{d}_1 - d_1$ 为误差 d_1 的估计误差，$\hat{d}_1$ 为 d_1 的估计值。

令 $\omega = \begin{bmatrix} z_2 - \dot{\alpha}_2 & x_1 & x_2 & x_3 \end{bmatrix}^T$，则 v_3 的导数为

$$\begin{aligned}
\dot{v}_3 &= \dot{v}_2 + z_3 \dot{z}_3 + \tilde{\theta}^T \Gamma^{-1} \dot{\hat{\theta}} + \frac{1}{\varepsilon} \tilde{d}_1 \dot{\hat{d}} \\
&= -c_2 z_2^2 - c_1 z_1^2 + z_3 \left(bu + \theta^T \omega + \hat{d}_1 \right) + \tilde{\theta}^T \Gamma^{-1} \dot{\hat{\theta}} + \frac{1}{\varepsilon} \tilde{d}_1 \left(\dot{\hat{d}}_1 - \varepsilon z_3 \right)
\end{aligned} \tag{8.15}$$

设计控制器和自适应控制律为

$$u = N(\xi) \left(c_3 z_3 + \hat{\theta}^T \omega \right) - \hat{d}_1 / b \tag{8.16}$$

$$\dot{\xi} = z_3 \left(c_3 z_3 + \hat{\theta}^T \omega \right) \tag{8.17}$$

$$\dot{\hat{\theta}} = \Gamma \omega z_3 \tag{8.18}$$

$$\dot{\hat{d}}_1 = \varepsilon z_3 \tag{8.19}$$

式中，c_3 为正数；$N(\xi) = \xi^2 \cos(\xi)$ 为 Nussbaum 函数。

8.2.3　稳定性证明

根据式（8.3）所示的控制系统和自适应控制律式（8.16）～式（8.19）给出如下的稳定性定理。

定理 8.1：采用式（8.16）～式（8.19），可以使得系统式（8.3）稳定，且闭环系统中所有信号有界，并可实现 $\lim\limits_{t \to \infty} [y(t) - y_{\mathrm{d}}(t)] = 0$。

为了证明定理 8.1，引入如下所示引理。

引理 8.1[5, 6]：$v(\cdot)$ 和 $\xi(\cdot)$ 为定义在 $\begin{bmatrix} 0, t_f \end{bmatrix}$ 上的光滑函数，且满足 $v(t) > 0$，$\forall t \in \begin{bmatrix} 0, t_f \end{bmatrix}$。$N(\xi)$ 为一个光滑的 Nussbaum 偶函数。如果不等式（8.20）成立：

$$v(t) \leqslant c_0 + \int_0^t \left[bN(\xi) + 1 \right] \dot{\xi} \mathrm{d}\tau, \forall t \in \begin{bmatrix} 0, t_f \end{bmatrix} \tag{8.20}$$

式中，b 为非零常数；c_0 为常数，则 $v(t)$、$\xi(t)$ 和 $\displaystyle\int_0^t \big[bN(\xi)+1\big]\dot{\xi}\mathrm{d}\tau$ 在 $\big[0,t_f\big)$ 上必有界。

证明：

将式（8.16）～式（8.19）代入式（8.15）得到

$$
\begin{aligned}
\dot{v}_3 &= -\sum_{i=1}^{2} c_i z_i^2 + z_3\Big[bN(\xi)\big(c_3 z_3 + \hat{\theta}^{\mathrm{T}}\omega\big) + \theta^{\mathrm{T}}\omega\Big] + \tilde{\theta}^{\mathrm{T}}\varGamma^{-1}\dot{\hat{\theta}} \\
&= -\sum_{i=1}^{2} c_i z_i^2 + bN(\xi)\dot{\xi} + z_3\theta^T\omega + \tilde{\theta}^T\varGamma^{-1}\dot{\hat{\theta}}
\end{aligned}
\tag{8.21}
$$

式（8.21）两边分别加上和减去 $\dot{\xi}$，并考虑到式（8.17）可以得到

$$
\begin{aligned}
\dot{v}_3 &= -\sum_{i=1}^{2} c_i z_i^2 + bN(\xi)\dot{\xi} + z_3\theta^T\omega + \tilde{\theta}^T\varGamma^{-1}\dot{\hat{\theta}} + \dot{\xi} - z_3\big(c_3 z_3 + \hat{\theta}^T\omega\big) \\
&= -\sum_{i=1}^{3} c_i z_i^2 + \big[bN(\xi)+1\big]\dot{\xi}
\end{aligned}
\tag{8.22}
$$

对式（8.22）两边同时积分得到

$$
v_3 = v_3(0) - \sum_{i=1}^{3} c_i \int_0^t z_i^2 \mathrm{d}\tau + \int_0^t \big[bN(\xi)+1\big]\dot{\xi}\mathrm{d}\tau
\tag{8.23}
$$

由于 $\displaystyle\sum_{i=1}^{3} c_i \int_0^t z_i^2 \mathrm{d}\tau$ 为正，可以得到如下不等式：

$$
v_3 \leqslant v_3(0) + \int_0^t \big[bN(\xi)+1\big]\dot{\xi}\mathrm{d}\tau
\tag{8.24}
$$

根据引理 8.1，可以得到 $v_3(t)$、$\xi(t)$ 和 $\displaystyle\int_0^t \big[bN(\xi)+1\big]\dot{\xi}\mathrm{d}\tau$ 在 $\big[0,t_f\big)$ 上均有界。由式（8.23）可知，对于所有 $t \geqslant 0$，$\displaystyle\sum_{i=1}^{3} c_i \int_0^t z_i^2 \mathrm{d}\tau$ 是有界的。因为 $v(t)$ 和 $\xi(t)$ 对于所有 $t \geqslant 0$ 均有界，所以 z_i^2（$i=1,2,3$）的导数也是有界的。由于式（8.23）中所有项都是连续的，根据 Barbalat 引理[5]可知，当 $t \to \infty$ 时，跟踪误差 z_i 也趋于 0，即 $\displaystyle\lim_{t\to\infty}\big[y(t)-y_{\mathrm{d}}(t)\big]=0$。

8.3　实　验　结　果

利用本章所提出的反步自适应方法控制气动位置伺服系统，跟踪三种类型的参考信号。初始条件设置为 $x_2(0)=0$，$x_3(0)=0$，$\xi(0)=0$。控制器参数设置如下：$c_1=c_2=60$，$c_3=0.01$，$\varGamma=\mathrm{diag}\big(\begin{bmatrix}0.01 & 0.01 & 0.01\end{bmatrix}\big)$。图 8.2～图 8.4 给出了图 8.1（a）所示的比例阀正向连接时跟踪各参考信号的实验结果，图 8.5～图 8.7

给出了图 8.1（b）所示的比例阀反向连接时跟踪各参考信号的实验结果。图 8.2～图 8.4 和图 8.5～图 8.7 分别对应于参考信号 1～3。在图 8.2～图 8.7 中，（a）图中的虚线是期望位置，实线是实际位置；（b）图显示的是跟踪误差。

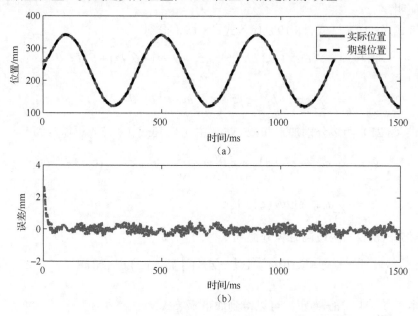

图 8.2　比例阀正向连接时跟踪正弦信号实验结果图

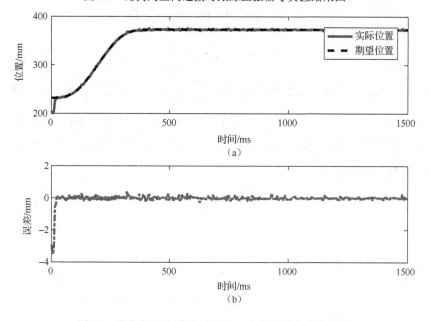

图 8.3　比例阀正向连接时跟踪 S 曲线信号实验结果图

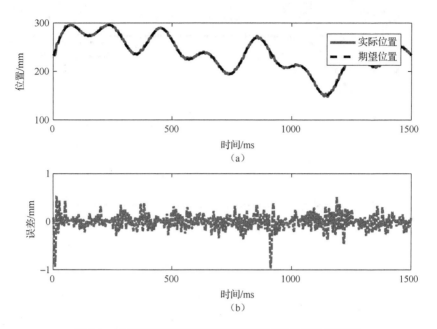

图 8.4　比例阀正向连接时跟踪多频正弦信号实验结果图

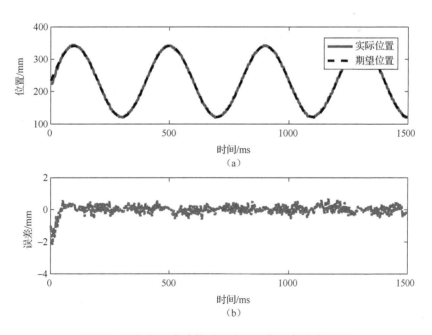

图 8.5　比例阀反向连接时跟踪正弦信号实验结果图

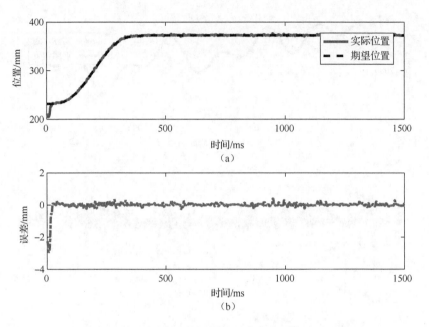

图 8.6　比例阀反向连接时跟踪 S 曲线信号实验结果图

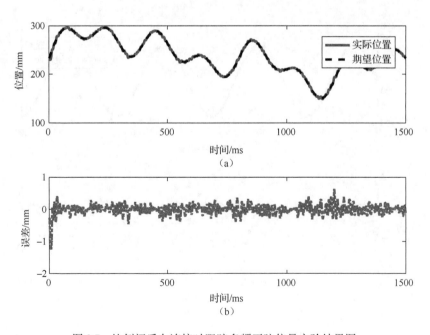

图 8.7　比例阀反向连接时跟踪多频正弦信号实验结果图

采用本章所提出的控制方法分别跟踪三类参考信号的定量比较结果如表 8.1～表 8.3 所示。

表 8.1　跟踪正弦信号的 RMSE 和 MAE 对比

方法	方向	指标	最大值	平均值
考虑零点	正向	RMSE/mm	1.9877	1.8321
		MAE/mm	1.5662	1.4834
	反向	RMSE/mm	1.9912	1.9356
		MAE/mm	1.6399	1.5299
不考虑零点	正向	RMSE/mm	2.0145	1.9435
		MAE/mm	1.6880	1.6295
	反向	RMSE/mm	2.1686	1.0747
		MAE/mm	1.8047	1.6747

表 8.2　跟踪 S 曲线信号的 RMSE 和 MAE 对比

方法	方向	指标	最大值	平均值
考虑零点	正向	RMSE/mm	0.6136	0.5873
		MAE/mm	0.5482	0.4902
	反向	RMSE/mm	0.6230	0.6054
		MAE/mm	0.5775	0.5304
不考虑零点	正向	RMSE/mm	0.6054	0.5908
		MAE/mm	0.5962	0.5355
	反向	RMSE/mm	0.6296	0.6128
		MAE/mm	0.5756	0.5616

表 8.3　跟踪多频正弦信号的 RMSE 和 MAE 对比

方法	方向	指标	最大值	平均值
考虑零点	正向	RMSE/mm	0.9647	0.9195
		MAE/mm	0.7560	0.7003
	反向	RMSE/mm	0.9930	0.9255
		MAE/mm	0.7602	0.7004
不考虑零点	正向	RMSE/mm	0.9574	0.9412
		MAE/mm	0.7922	0.7743
	反向	RMSE/mm	0.9811	0.9545
		MAE/mm	0.7875	0.7575

由表 8.1～表 8.3 可以看出，本章针对具有未知控制方向和不确定零点的气动位置伺服系统设计的自适应控制方法的平均 RMSE、最大 RMSE、平均 MAE 和最大 MAE 均比对应参考信号不考虑比例阀不准确零点的情况小。对于正控制方向和反控制方向，本章设计的控制器均能够实现很好的跟踪控制。

8.4　实　验　程　序

实验程序包括：自适应控制程序、归中程序（参见例程 4-6）和画图程序（参见例程 4-9）。

```
1    '自适应控制程序
2    Dim a4 As Double
3    Dim B0 As Double              '自适应律的系数
4    Dim B1 As Double
5    Dim B2 As Double
6    Dim B3 As Double
7    Dim kc As Double              '变量 xi
8    Dim lkc As Double             '变量 xi 的上一时刻值
9    Dim dkc As Doubl              '变量 xi 的导数
10   Dim Jd As Double              '扰动估计值
11   Dim lJd As Double              '扰动估计值上一时刻值
12   Dim dJd As Double             '扰动估计值导数
13   Dim gama As Double            '扰动估计值相关参数
14   Dim b As Double              '控制增益
15   Dim u As Double              '控制器
16   Dim zeropoint As Double        '零点
17   Dim pda As Single             '传送给比例阀的控制量
18   Dim rinn As Single            '给定参考信号
19   '自适应控制子函数
20   Sub ZishiyingControl()
21   count = count + 1
22   '采集系统实际输出位移信号
23   y = PCI2306_ReadDevOneAD(hDevice, adchanneL)
24   If count > 20 Then
25   If Abs(y - lasty) > 15 Then
26   y = 0.8 * y + 0.2 * lasty
27   End If
28   End If
29   '采集初始位置
30   If count = 1 Then
31   zeropoint = y
32   End If
33   rin = rinn                    '给定参考信号
```

```
34    d1rinn = (rinn - lrinn) / t              '给定参考信号求导
35    lrinn = rinn
36    d1y = (y - ly) / t                       '系统实际输出的一阶导数
37    ly = y
38    d2y = (d1y - ld1y) / t                   '系统实际输出的二阶导数
39    ld1y = d1y
40    x1 = y                                   '滑块位移
41    x2 = d1y                                 '滑块速度
42    x3 = d2y                                 '滑块加速度移
43    '滤波
44    Dim a1a1 As Double
45    If Abs(a1a1 - da1) > 60 Then
46    da1 = 0.2 * da1 + 0.8 * a1a1
47    End If
48    a1a1 = da1
49    e = y - rin                              '跟踪误差
50    aa1 = -c1 * e + d1rin                    '自适应 alpha1
51    z2 = x2 - a1                             '误差变量
52    daa1 = (aa1 - laa1) / t                  '自适应 alpha1 的导数
53    laa1 = aa1
54    '滤波
55    Dim a2a2 As Double
56    If Abs(a2a2 - da2) > 5000 Then
57    da2 = 0.3 * da2 + 0.7 * a2a2
58    End If
59    a2a2 = da2
60    aa2 = -c2 * z2 + daa1 - e                '自适应 alpha2
61    z3 = x3 - aa2                            '误差变量
62    daa2 = (aa2 - laa2) / t                  '自适应 alpha2 的导数
63    laa2 = aa2
64    '参数自适应律
65    aaa0 = aaa0 + B0 * x1 * z3 * t                    'a1 的自适应律
66    aaa1 = aaa1 + B1 * x2 * z3 * t                    'a2 的自适应律
67    aaa2 = aaa2 + B2 * x3 * z3 * t                    'a3 的自适应律
68    a4 = a4 + B3 * z3 * t                             'a4 的自适应律
69    '控制率设计
70    dz3 = (aa0 * x1 + aa1 * x2 + aa2 * (0.001 * z3 + a2) + z2 - da2
71    + a4)        '误差变量 z3 的表达式
72    dkc = z3 * (c3 * z3 + dz3)                          '变量 xi 的
73    自适应率
74    Nkc = kc ^ 2 * Cos(kc)                              'Nussbaum
75    函数
76    kc = lkc + dkc * t1                                 '变量 xi
77    lkc = kc
78    dJd = gama * z3                                     '扰动估计值
79    的自适应率
```

```
80    Jd = lJd + dJd * t1                                    '扰动估计值
81    lJd = Jd
82    u = Nkc * (c3 * z3 + dz3) - Jd / b                     '控制器
83    '限幅
84    If pda >= 2637 Then
85    pda = 2637
86    End If
87    If pda <= 1637 Then
88    pda = 1637
89    End If
90    '送出控制量
91    PCI2306_WriteDeviceProDA hDevice, pda, channeLN
92    End Sub
93    Function initiate()
94    '初始化
95    t=0.01
96    aa0 = 0
97    aa1 = 0
98    aa2 = 0
99    a4 = 0
100   lastpda = 0
101   count = 0
102   la1 = 0
103   la2 = 0
104   lz3 = 0
105   lJd = 0
106   b = 10
107   a2a2 = 0
108   a1a1 = 0
109   lrin = 0
110   ld1rin = 0
111   ld2rin = 0
112   ly = 0
113   ld1y = 0
114   ld2y = 0
115   c1 = 60
116   c2 = 60
117   c3 = 0.01
118   B0 = 0.01
119   B1 = 0.01
120   B2 = 0.01
121   B3 = 1
122   End Function
```

参 考 文 献

[1] NUSSBAUM R D. Some remarks on the conjecture in parameter adaptive control[J]. Systems and Control Letters, 1983, 3(5): 243-246.

[2] YE H, CHEN M, WU Q. Flight envelope protection control based on reference governor method in high angle of attack maneuver[J]. Mathematical Problems in Engineering, 2015, 254975: 1-15.

[3] RUBIO J J, GUTIERREZ G, PACHECO J. Comparison of three proposed control to accelerate the growth of the crop[J]. International Journal of Innovative Computing Information and Control, 2011, 7(7): 4097-4114.

[4] REN H P, FAN J T, KAYNAK O. Optimal design of a fractional order PID controller for a pneumatic position servo system[J]. IEEE Transactions on Industrial Electronics, 2019, 66(8): 6220-6229.

[5] YE X D, JIANG J P. Adaptive nonlinear design without a priori knowledge of control directions[J]. IEEE Transactions on Automatic Control, 1998, 43(11): 1617-1621.

[6] REN H P, WANG X, FAN J T, et al. Adaptive backstepping control of a pneumatic system with unknown model parameters and control direction[J]. IEEE Access, 2019, 7: 64471-64482.

第9章 气动位置伺服系统的自适应 神经网络控制

气动位置伺服系统由于受到气体流动的非线性和气缸摩擦力等的影响而具有强非线性，其模型的非线性和参数的不确定性给气动系统位置跟踪控制造成困难。自适应控制作为一类处理模型参数不确定的控制策略被学者应用于气动伺服控制系统[1-3]，神经网络具有强的非线性函数逼近能力和对复杂不确定系统的自学习能力，能最大限度地识别和利用控制系统动态过程所提供的数据信息进行学习，从而实现对缺乏精确模型的对象进行有效的控制。神经网络的自适应控制为实现未知模型气动位置伺服系统的控制提供了一个有效手段。

9.1 RBF 神经网络简介

RBF 神经网络是一种三层前向神经网络，包括输入层、隐层（径向基层）和输出层（线性层）。RBF 神经网络结构如图 9.1 所示[3]。

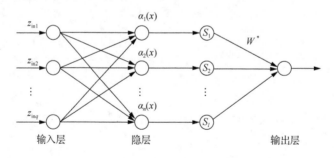

图 9.1 RBF 神经网络结构图

输入层：由信号源节点组成，仅起到传入信号到隐层的作用，可将输入层和隐层之间看作权值为 1 的联接；

隐层：通过非线性优化策略对激活函数的参数进行调整，完成从输入层到隐层的非线性变换；

输出层：采用线性优化策略对线性权值进行调整，完成对输入层激活信号的响应。

RBF 神经网络隐层的每个神经元存在一个径向基函数，这些函数被称为核函数，通常为高斯型核函数。它的隐层激活函数是一种径向对称的核函数。

RBF 神经网络采用的激活函数通常为高斯函数：

$$G_j(x - c_j) = \exp\left[-\frac{1}{2\sigma_j^2} \|x - c_j\|^2 \right] \tag{9.1}$$

式中，x 为输入向量；c_j 为第 j 个神经元的 RBF 中心向量；σ_j 为第 j 个 RBF 的方差；$\|\cdot\|$ 表示欧氏范数。

当输入向量加到输入端时，隐层每一个单元都输出一个值，代表输入向量与基函数中心的接近程度。隐层的各神经元在输入向量与 RBF 的中心向量接近时有较大反应，即各个 RBF 只对特定的输入有较强反应。如果输入向量与权值向量相差很多，则径向基层的输出接近于 0，经过输出层线性变换，对应该神经元的输出也为 0；如果输入向量与权值向量很接近，则径向基层的输出接近于 1，经过线性神经元的输出值更靠近输出层的权值。

理论上已经证明"对于一个给定的非线性函数，RBF 网络可以以任意精度逼近它"[4]。

9.2　RBF 神经网络自适应控制器

本章针对控制方向未知的气动位置伺服系统，设计了基于 RBF 神经网络的反步自适应控制器[5]。

9.2.1　概述

针对一类控制方向未知的非线性系统，通过在线辨识控制方向，Kaloust 等[6]提出了一种鲁棒控制算法。然而该算法只适用于一阶系统和二阶系统，不能推广到高阶系统。因此，不适用于控制方向未知的气动位置伺服系统的研究。本章采用 Nussbaum 函数解决系统方向未知的问题[7]。这种方法的关键点是通过使用 Nussbaum 函数估计控制系统的符号。

Nussbaum 函数定义如式（8.1），此处不再赘述。

本章在处理方向未知问题后，采用反步设计法实现控制器的设计，该方法又称反推法或反演法，通常分以下几步进行：首先，将复杂的高阶非线性系统分解为不高于系统阶次的子系统；其次，对于每个子系统分别构造 Lyapunov 函数和中间的虚拟控制量；最后，依次"后退"到整个系统，完成整个系统的控制律设计。

9.2.2　RBF 神经网络自适应控制器的设计

针对控制增益符号未知的气动位置伺服系统，将 Nussbaum 函数与反步自适应设计方法相结合，设计反步自适应控制器。设计过程中，无需确知系统的数学模型和控制增益方向，可实现具有增益方向不确定性的气动位置伺服系统的位置跟踪控制。

RBF 神经网络用于逼近气动系统模型中的未知函数 $f(\cdot)$。一般来说，网络权值矩阵 W 未知，定义 $\hat{W}$ 为 W 的估计值。然后可以得到估计误差 $\tilde{W} = \hat{W} - W$，它将用于后续控制器的设计。

定义跟踪误差为

$$\begin{cases} z_1 = x_1 - y_d \\ z_2 = x_2 - \alpha_1 \\ z_3 = x_3 - \alpha_2 \end{cases} \tag{9.2}$$

式中，y_d 为期望位置；α_1、α_2 为虚拟控制量。

控制器的设计步骤如下[8]。

第一步：

选择第一个 Lyapunov 函数为

$$V_1 = \frac{1}{2} z_1^2 \tag{9.3}$$

第一个 Lyapunov 函数的导数为

$$\dot{V}_1 = z_1 \dot{z}_1 = z_1 (x_2 - \dot{y}_d) = z_1 (z_2 + \alpha_1 - \dot{y}_d) \tag{9.4}$$

令 $\alpha_1 = \dot{y}_d - c_1 z_1$，$c_1$ 为正数。若 $z_2 = 0$，则 $\dot{V}_1 = -c_1 z_1^2$，且能保证 z_1 趋近于 0。

第二步：

选择第二个 Lyapunov 函数为

$$V_2 = V_1 + \frac{1}{2} z_2^2 \tag{9.5}$$

第二个 Lyapunov 函数的导数为

$$\dot{V}_2 = \dot{V}_1 + z_2 \dot{z}_2 = z_1 z_2 - c_1 z_1^2 + z_2 (z_3 + \alpha_2 - \dot{\alpha}_1) \tag{9.6}$$

令 $\alpha_2 = \dot{\alpha}_1 - c_2 z_2 - z_1$，$c_2$ 为正数。若 $z_3 = 0$，则 $\dot{V}_2 = -c_1 z_1^2 - c_2 z_2^2$，且能保证 z_1、z_2 趋近于 0。

第三步：

根据式（9.2）可以得到

$$\dot{z}_3 = \dot{x}_3 - \dot{\alpha}_2 = a_1 x_1 + a_2 x_2 + a_3 x_3 + bu + d_1 - \dot{\alpha}_2 \tag{9.7}$$

使用 RBF 神经网络逼近未知函数 $f(G) = a_1 x_1 + a_2 x_2 + a_3 x_3 - \dot{\alpha}_2$，神经网络的输入向量 $G = [x_1, x_2, x_3, \dot{\alpha}_2]^{\mathrm{T}}$，$W^{\mathrm{T}} S(G)$ 用于逼近未知函数 $f(G)$，则

$$f(G) = \hat{W}^{\mathrm{T}} S(G) - \tilde{W}^{\mathrm{T}} S(G) + \varepsilon \tag{9.8}$$

式中，ε 为逼近误差。

选择第三个 Lyapunov 函数为

$$V_3 = V_2 + \frac{1}{2} z_3^2 + \frac{1}{2} \tilde{W}^{\mathrm{T}} \Gamma^{-1} \tilde{W} + \frac{1}{2o} \tilde{d}_1^2 \tag{9.9}$$

则其导数为

$$
\begin{aligned}
\dot{V}_3 &= \dot{V}_2 + z_3 \dot{z}_3 + \tilde{W}^{\mathrm{T}} \Gamma^{-1} \dot{\tilde{W}} + \frac{1}{o} \tilde{d}_1 \dot{\tilde{d}}_1 \\
&= -c_1 z_1^2 - c_2 z_2^2 + z_2 z_3 + z_3 \left[\hat{W}^{\mathrm{T}} S(G) - \tilde{W}^{\mathrm{T}} S(G) + \varepsilon + bu + d_1 \right] \\
&\quad + \tilde{W}^{\mathrm{T}} \Gamma^{-1} \dot{\tilde{W}} + \frac{1}{o} \tilde{d}_1 \dot{\tilde{d}}_1 \\
&= -c_1 z_1^2 - c_2 z_2^2 + z_2 z_3 + z_3 \left[\hat{W}^{\mathrm{T}} S(G) - \tilde{W}^{\mathrm{T}} S(G) + \varepsilon + bu + \hat{d}_1 \right] \\
&\quad + \tilde{W}^{\mathrm{T}} \Gamma^{-1} \dot{\tilde{W}} + \frac{1}{o} \tilde{d}_1 \left(\dot{\hat{d}}_1 - o z_3 \right)
\end{aligned} \tag{9.10}
$$

设计控制器和参数自适应律如下：

$$
\begin{cases}
u = N(\zeta) \left[c z_3 + \hat{W}^{\mathrm{T}} S(G) \right] - \left(z_2 + \hat{d}_1 \right) / b \\
N(\zeta) = \zeta^2 \cos(\zeta) \\
\dot{\zeta} = c z_3^2 + z_3 \hat{W}^{\mathrm{T}} S(G) \\
\dot{\hat{W}} = \Gamma \left[S(G) z_3 - \delta \hat{W} \right] \\
\dot{\hat{d}}_1 = o z_3
\end{cases} \tag{9.11}
$$

可以得到

$$\dot{V}_3$$

$$= -c_1 z_1^2 - c_2 z_2^2 + z_2 z_3 + z_3 \left[\hat{W}^{\mathrm{T}} S(G) - \tilde{W}^{\mathrm{T}} S(G) + \varepsilon + bu + \hat{d}_1 \right]$$

$$\quad + \tilde{W}^{\mathrm{T}} \Gamma^{-1} \dot{\hat{W}} + \frac{1}{o} \tilde{d}_1 \left(\dot{\hat{d}}_1 - o z_3 \right)$$

$$= -c_1 z_1^2 - c_2 z_2^2 + z_2 z_3$$

$$\quad + z_3 \left\{ \hat{W}^{\mathrm{T}} S(G) - \tilde{W}^{\mathrm{T}} S(G) + \varepsilon + b \left[N(\xi) \left(c z_3 + \hat{W}^{\mathrm{T}} S(G) \right) - \left(z_2 + \hat{d}_1 \right) / b \right] + \hat{d}_1 \right\}$$

$$\quad + \tilde{W}^{\mathrm{T}} \Gamma^{-1} \Gamma [S(G) z_3 - \delta \hat{W}]$$

$$= -c_1 z_1^2 - c_2 z_2^2 + z_2 z_3 \tag{9.12}$$

$$\quad + z_3 \left\{ \hat{W}^{\mathrm{T}} S(G) - \tilde{W}^{\mathrm{T}} S(G) + \varepsilon + b \left[N(\xi) \left(c z_3 + \hat{W}^{\mathrm{T}} S(G) \right) - \left(z_2 + \hat{d}_1 \right) / b \right] + \hat{d}_1 \right\}$$

$$\quad + \tilde{W}^{\mathrm{T}} S(G) z_3 - \tilde{W}^{\mathrm{T}} \delta \hat{W}$$

$$= -c_1 z_1^2 - c_2 z_2^2 + z_2 z_3 + z_3 \hat{W}^{\mathrm{T}} S(G) - z_3 \tilde{W}^{\mathrm{T}} S(G) + z_3 \varepsilon + z_3 b N(\xi) [c z_3 + \hat{W}^{\mathrm{T}} S(G)]$$

$$\quad - z_3 z_2 + \tilde{W}^{\mathrm{T}} S(G) z_3 - \tilde{W}^{\mathrm{T}} \delta \hat{W}$$

$$= -c_1 z_1^2 - c_2 z_2^2 + z_3 \hat{W}^{\mathrm{T}} S(G) + c z_3^2 b N(\xi) + z_3 \varepsilon + z_3 b N(\xi) \hat{W}^{\mathrm{T}} S(G) - \tilde{W}^{\mathrm{T}} \delta \hat{W}$$

$$= -c_1 z_1^2 - c_2 z_2^2 + z_3 \hat{W}^{\mathrm{T}} S(G) + b N(\xi) \dot{\zeta} + z_3 \varepsilon - \tilde{W}^{\mathrm{T}} \delta \hat{W}$$

$$= -c_1 z_1^2 - c_2 z_2^2 + z_3 \left[\hat{W}^{\mathrm{T}} S(G) + \varepsilon \right] - \tilde{W}^{\mathrm{T}} \delta \hat{W} + b N(\xi) \dot{\zeta}$$

已知 $\dot{V}_2 = -c_1 z_1^2 - c_2 z_2^2 \leqslant 0$ ，令误差 $\tilde{W} = \hat{W} - W$ 为 0,则

$$\dot{V}_3 = -c_1 z_1^2 - c_2 z_2^2 + z_3 \left[\hat{W}^{\mathrm{T}} S(G) + \varepsilon \right] - \tilde{W}^{\mathrm{T}} \delta \hat{W} + b N(\xi) \dot{\zeta} \tag{9.13}$$

$$\leqslant z_3 \left[\hat{W}^{\mathrm{T}} S(G) + \varepsilon \right] + b N(\xi) \dot{\zeta}$$

根据引理 8.1,采用与第 8 章中相似的证明可以得到系统中各信号有界,跟踪误差渐近稳定能够实现对期望位置的跟踪,此处不再赘述。

9.3　实　验　结　果

本章引入 RMSE、MAE 对自适应神经网络控制方法针对各类期望位置的跟踪效果进行定量分析。

1. 正向连接

将自适应神经网络控制器与 Nussbaum 函数结合解决控制方向未知的问题。首先，将系统比例阀正向连接分别对正弦信号、S 曲线信号和多频正弦信号进行跟踪控制，$c_1=50$，$c_2=10$，$c_3=10$，$b=0.5$，$o=10000$，实验结果如图 9.2～图 9.4 所示。

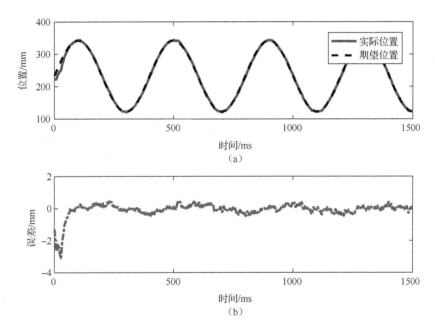

图 9.2　正向连接跟踪正弦信号实验结果图

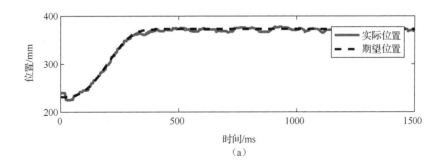

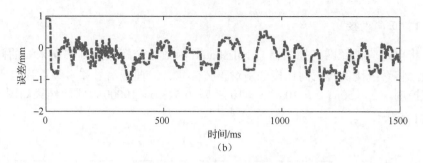

图 9.3　正向连接跟踪 S 曲线信号实验结果图

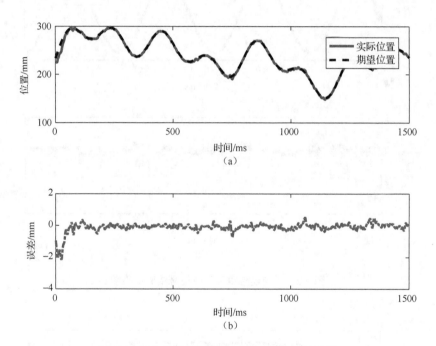

图 9.4　正向连接跟踪多频正弦信号实验结果图

2. 反向连接

其次，将系统比例阀反向连接同样进行期望位置的轨迹跟踪，$c_1 = 50$，$c_2 = 10$，$c_3 = 10$，$b = 0.5$，$o = 10000$，实验结果如图 9.5～图 9.7 所示。

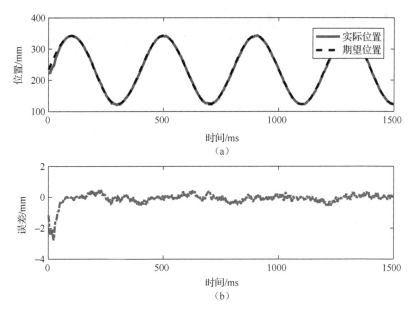

图 9.5　反向连接跟踪正弦信号实验结果图

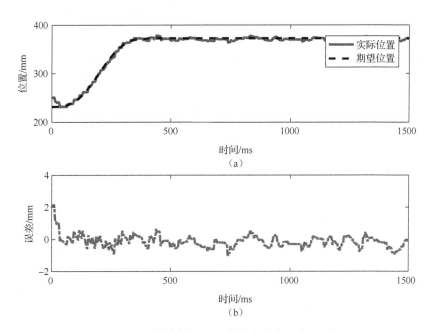

图 9.6　反向连接跟踪 S 曲线信号实验结果图

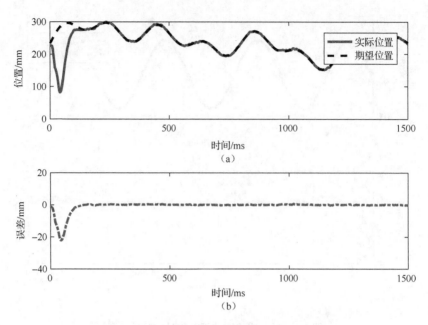

图 9.7　反向连接跟踪多频正弦信号实验结果图

结合实验结果，最后得到自适应神经网络控制器跟踪期望位置的误差分析，如表 9.1 所示。

表 9.1　自适应神经网络控制器跟踪期望位置的误差分析

参考信号	方向	指标	最大值	平均值
正弦信号	正向	RMSE/mm	0.2282	0.2002
		MAE/mm	0.1782	0.1574
	反向	RMSE/mm	0.3748	0.3153
		MAE/mm	0.2927	0.2498
S 曲线信号	正向	RMSE/mm	0.2119	0.1670
		MAE/mm	0.1665	0.1321
	反向	RMSE/mm	0.3101	0.2818
		MAE/mm	0.2673	0.2380
多频正弦信号	正向	RMSE/mm	0.2014	0.1628
		MAE/mm	0.1554	0.1235
	反向	RMSE/mm	0.2185	0.2007
		MAE/mm	0.1832	0.1592

对比自适应神经网络控制器对气动系统的正向控制和反向控制可得：对于气

动系统，分别将正弦信号、S 曲线信号和多频正弦信号作为期望位置信号，控制器进行正向控制的跟踪误差均小于进行反向控制的跟踪误差。

9.4 实 验 程 序

实验程序包括：控制器设计程序和神经网络程序。

1）例程 9-1 控制器设计程序

```
1     ' 控制器设计
2     ym = Rin
3     y = pad
4     x1 = y
5     dx1 = (x1 - lx1) / t
6     lx1 = x1
7     x2 = dx1
8     dx2 = (x2 - lx2) / t
9     lx2 = x2
10    x3 = dx2
11    dym = (ym - lym) / t
12    lym = ym
13    ' STEP 1
14    z1 = x1 - ym
15    alpha1 = dym - c1 * z1
16    dalpha1 = (alpha1 - lalpha1) / t
17    lalpha1 = alpha1
18    'STEP 2
19    z2 = x2 - alpha1
20    alpha2 = dalpha1 - c2 * z2 - z1
21    dalpha2 = (alpha2 - lalpha2) / t
22    lalpha2 = alpha2
23    'STEP 3
24    z3 = x3 - alpha2
25    z3n1 = x1
26    z3n2 = x2
27    z3n3 = x3
28    z3n4 = dalpha2
29    f3 = 0
30    lS2(n3) = 0
31    For n3 = 1 To node3
32    S3(n3) = Exp((-((z3n1 - mu3(1, n3)) ^ 2 + (z3n2 - mu3(2, n3))
33    ^ 2 + (z3n3 - mu3(3, n3)) ^ 2 + (z3n4 - mu3(4, n3)) ^ 2)) /
      (eta3 ^ 2))
34    w3(n3) = lw3(n3) + t3 * gamma3 * (lS2(n3) * z3 - lw3(n3) * delta3)
35    lS2(n3) = S3(n3)
```

```
36   lw3(n3) = w3(n3)
37   f3 = f3 + S3(n3) * w3(n3)
38   Next n3
39   dzeta3 = c3 * (z3 ^ 2) + z3 * f3
40   zeta3 = lzeta3 + t3 * dzeta3
41   lzeta3 = zeta3
42   NN3 = (zeta3 ^ 2) * Cos(zeta3)
43   djd = o * z3
44   u = NN3 * (c3 * z3 + f3) - (z2 + djd) / b
45   pda = u
46   '限幅
47   If pda >= 2600 Then
48   pda = 2600
49   End If
50   If pda <= 1500 Then
51   pda = 1500
52   End If
```

2）例程 9-2 神经网络程序

```
1    '神经网络控制参数
2    For n1 = 1 To node1
3    lw1(n1) = w1(n1)
4    lS1(n1) = S1(n1)
5    mu1(1, n1) = x1min + (x1max - x1min) / (node1 - 1) * (n1 - 1)
6    mu1(2, n1) = dw1min + (dw1max - dw1min) / (node1 - 1) * (n1 - 1)
7    Next n1
8    For n2 = 1 To node2
9    lw1(n2) = w1(n2)
10   lS1(n2) = S1(n2)
11   mu2(1, n2) = x1min + (x1max - x1min) / (node2 - 1) * (n2 - 1)
12   mu2(2, n2) = x2min + (x2max - x2min) / (node2 - 1) * (n2 - 1)
13   mu2(3, n2) = dw2min + (dw2max - dw2min) / (node2 - 1) * (n2 - 1)
14   Next n2
15   For n3 = 1 To node3
16   lw1(n3) = w1(n3)
17   lS1(n3) = S1(n3)
18   mu3(1, n3) = x1min + (x1max - x1min) / (node3 - 1) * (n3 - 1)
19   mu3(2, n3) = x2min + (x2max - x2min) / (node3 - 1) * (n3 - 1)
20   mu3(3, n3) = x3min + (x3max - x3min) / (node3 - 1) * (n3 - 1)
21   mu3(4, n3) = dw3min + (dw3max - dw3min) / (node3 - 1) * (n3 - 1)
22   Next n3
23   '参数
24   lx1 = 0
25   lx2 = 0
26   lym = 0
```

```
27    lalpha1 = 0
28    lalpha2 = 0
29    c1 = 50
30    c2 = 10
31    c3 = 10
32    b = 22
33    o = 10000
34    lomega2 = 0
35    lomega3 = 0
36    etal = 2.5
37    eta2 = 5
38    eta3 = 7.8
39    gamma1 = 0.1
40    gamma2 = 0.1
41    gamma3 = 0.1
42    lzeta1 = 0
43    lzeta2 = 0
44    lzeta3 = 0
45    tao2 = 0.001
46    tao3 = 0.001
47    delta1 = 0.2
48    delta2 = 0.2
49    delta3 = 0.2
50    node3 = 50
51    t3 = t * 0.00000000001
52    laste = 0
53    lastu = 0
54    lastpda = 0
55    lastrin = 0
56    lastpad = 0
57    lasty = 0
58    '神经网络基函数中心值向量取值范围
59    x1_bound = 1500
60    x2_bound = 1500
61    x3_bound = 1500
62    dw1_bound = 2600
63    dw2_bound = 2600
64    dw3_bound = 2600
65    x1_centre = 0
66    x2_centre = 0
67    x3_centre = 0
68    dw1_centre = 0
69    dw2_centre = 0
70    dw3_centre = 0
71    x1min = x1_centre - x1_bound
72    x1max = x1_centre + x1_bound
```

```
73   x2min = x2_centre - x2_bound
74   x2amx = x2_centre + x2_bound
75   x3min = x3_centre - x3_bound
76   x3max = x3_centre + x3_bound
77   dw1min = dw1_centre - dw1_bound
78   dw1max = dw1_centre + dw1_bound
79   dw2min = dw2_centre - dw2_bound
80   dw2max = dw2_centre + dw2_bound
81   dw3min = dw3_centre - dw3_bound
82   dw3max = dw3_centre + dw3_bound
```

参 考 文 献

[1] 孟德远, 陶国良, 钱鹏飞, 等. 气动力伺服系统的自适应鲁棒控制[J]. 浙江人学学报(工学版), 2013, 47(9): 1611-1619.

[2] REN H P, HUANG C. Adaptive backstepping control of pneumatic servo system[C]. 2013 IEEE International Symposium on Industrial Electronics, Taipei, China, 2013: 1-6.

[3] SANNER R M, SLOTINE J E. Gaussian networks for direct adaptive control[J]. IEEE Transactions on Neural Networks (S1045-9227), 1992, 3(6): 837-863.

[4] KWAN C, LEWIS F L. Robust backstepping control of nonlinear systems using neural networks [J]. IEEE Transactions on Systems, Man and Cybernetics, Part A (S1083-4427), 2000, 30(6): 753-766.

[5] LI X Q, WANG D, FU Z M. Adaptive NN dynamic surface control for a class of uncertain non-affine pure-feedback systems with unknown time-delay[J]. International Journal of Automation and Computing, 2016, 13(3): 268-276.

[6] KALOUST J, QU Z. Continuous robust control design for nonlinear uncertain systems without a priori knowledge of control direction[J]. IEEE Transactions on Automatic Control, 1995, 40(2): 276-282.

[7] NUSSBAUM R D. Some remarks on a conjecture in parameter adaptive control[J]. System Control Letter, 1983, 3(5): 243-246.

[8] MA J, ZHENG Z, LI P. Adaptive dynamic surface control of a class of nonlinear systems with unknown direction control gains and input saturation[J]. IEEE Transactions on Cybernetics, 2015, 45(4): 728-741.

第 10 章　气动位置伺服系统的滑模变结构控制

滑模变结构控制也称滑模控制，本质上是一类特殊的非线性控制，其非线性表现为控制的不连续性[1]。这种控制策略与其他控制策略的不同之处在于系统的"结构"并不固定，而是在动态过程中，根据系统当前的状态有目的地不断变化，迫使系统按照预定"滑动模态"的状态轨迹运动[2]。滑动模态可以进行设计且与对象参数及扰动无关，使得滑模控制具有快速响应、对参数变化及扰动不灵敏、不需要系统在线辨识等优点。但变结构控制器对被控系统的参数变化和外部干扰的强鲁棒性是以控制量的高频抖振为代价得到的[3]。抖振现象是变结构控制在实际系统中应用于一般控制系统的障碍。但对于一些控制系统，高频的颤振有利于克服摩擦力影响，获得更好的位移控制性能。本章针对气动位置伺服系统，研究滑模变结构控制策略。研究内容包括：基于指数趋近率的滑模变结构控制、终端滑模控制、超螺旋滑模控制和分数阶滑模控制。

10.1　滑模变结构控制基本原理

滑模变结构控制器的设计主要包括两部分：一部分是如何选择切换函数，即如何选取切换面；另一部分是如何求取变结构的控制律。

滑模变结构控制的定义如下：在系统 $\dot{x}=f(x)$，$x\in R^n$ 中，存在超平面（切换面）$s(x)=s(x_1,x_2,\cdots,x_n)=0$，将该空间分为 $s(x)<0$ 和 $s(x)>0$ 两个部分，系统切换面如图 10.1 所示。

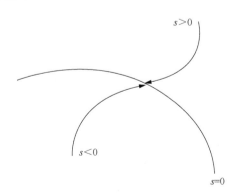

图 10.1　系统切换面示意图

图 10.1 中，当切换面以外的点运动到该平面时就会沿着此平面运动，即被称为滑模运动[4]。滑模变结构控制根据系统所期望的动态特性设计系统的切换超平面，通过滑模控制器使系统状态从超平面之外的任意初始位置趋近于切换超平面。当状态点到达滑模面，最终在该面上运动时，则存在式（10.1）：

$$\lim_{s \to 0^-} \dot{s} \geq 0, \lim_{s \to 0^+} \dot{s} \leq 0 \tag{10.1}$$

即

$$\lim_{s \to 0} s\dot{s} \leq 0 \tag{10.2}$$

式（10.2）称为滑模可达条件，满足该条件时，系统是稳定的。后续各节稳定性分析中会有具体的证明。

10.2　基于指数趋近率的滑模变结构控制

近年来，国内外学者对削弱滑模变结构控制的抖振问题提出了很多解决办法，但这些方法在削弱抖振的同时也降低了系统的鲁棒性。为了改善滑模变结构控制的抖振问题，高为炳等[5]首次提出了趋近率的概念。基于指数趋近率的变结构控制方法保证了滑模运动轨迹在趋近 $s=0$ 过程中的品质，可以有效地减小抖振对系统带来的影响。本节针对气动位置伺服系统设计基于指数趋近率的变结构控制器。

1. 基于指数趋近率的滑模变结构控制器设计

气动位置伺服系统三阶线性模型为

$$\begin{cases} \dot{x}_1 = x_2 \\ \dot{x}_2 = x_3 \\ \dot{x}_3 = a_1 x_1 + a_2 x_2 + a_3 x_3 + bu + d \\ y = x_1 \end{cases} \tag{10.3}$$

式中，$x_1 = y$、$x_2 = \dot{y}$、$x_3 = \ddot{y}$ 为系统状态变量，分别表示滑块的位置、速度和加速度；a_1、a_2、a_3、b 为未知参数；d 为内部和外部的扰动。$|d| \leq \text{dis}$，dis 为常数。

定义系统跟踪误差变量为

$$e = y - y_d \tag{10.4}$$

式中，y_d 为期望位置信号。

则跟踪误差各阶导数为

$$\begin{cases} e = y - y_d \\ \dot{e} = \dot{y} - \dot{y}_d \\ \ddot{e} = \ddot{y} - \ddot{y}_d \end{cases} \tag{10.5}$$

选取滑模面为

$$s = \ddot{e} + 2\lambda \dot{e} + \lambda^2 e \tag{10.6}$$

则

$$\dot{s} = \dddot{e} + 2\lambda \ddot{e} + \lambda^2 \dot{e} \tag{10.7}$$

指数趋近律如下所示：

$$\dot{s} = -\varepsilon \operatorname{sgn}(s) - ks \tag{10.8}$$

式中，$k > 0$；$\varepsilon > 0$。

由式（10.7）和式（10.8）可得

$$\dddot{e} = \dddot{y} - \dddot{y}_d = -\varepsilon \operatorname{sgn}(s) - ks - 2\lambda \ddot{e} - \lambda^2 \dot{e} \tag{10.9}$$

结合式（10.3）和式（10.9）可以得到基于指数趋近率的滑模变结构控制器为

$$u = \frac{1}{b} \Big[-\varepsilon \operatorname{sgn}(s) - ks - a_1 x_1 - a_2 x_2 - a_3 x_3 + \dddot{y}_d - 2\lambda \ddot{e} - \lambda^2 \dot{e} \Big] \tag{10.10}$$

2. 稳定性分析

定义 Lyapunov 函数为

$$V = \frac{1}{2} s^2 \tag{10.11}$$

对式（10.11）求导得到

$$
\begin{aligned}
\dot{V} = s\dot{s} &= s\left(\dddot{e} + 2\lambda \ddot{e} + \lambda^2 \dot{e} \right) \\
&= s\left(\dddot{y} - \dddot{y}_d + 2\lambda \ddot{e} + \lambda^2 \dot{e} \right) \\
&= s\left(a_1 x_1 + a_2 x_2 + a_3 x_3 + bu + d - \dddot{y}_d + 2\lambda \ddot{e} + \lambda^2 \dot{e} \right)
\end{aligned} \tag{10.12}
$$

将式（10.10）代入式（10.12）得

$$\dot{V} = s\dot{s} = s\left(d - \varepsilon \operatorname{sgn}(s) - ks \right) \leqslant -(\varepsilon - d)|s| - ks^2 \tag{10.13}$$

根据 Lyapunov 稳定性定理，选取适当的参数使得 $\varepsilon \geqslant \mathrm{dis}$，此时 $\dot{V} \leqslant 0$，则可以得到所设计的控制器使得闭环系统渐近稳定。

10.3　终端滑模控制

传统的滑模变结构控制只能保证系统渐近稳定，虽然渐近收敛的速度可以通过选择滑动模态参数来调整，但系统状态可能在无限长的时间才能到达滑模面。为了解决无限时间收敛的问题，终端滑模控制方法被提出后得到了广泛的关注，这种方法能够保证系统状态在有限时间内到达误差为零的状态[6]。目前针对终端滑模控制方法的研究主要针对的是二阶及以下阶次的系统，或者是多输入多输出系统，对于高阶单输入单输出系统，这方面的研究比较少。因此本章针对气动位置伺服系统这样的三阶单输入单输出系统采用终端滑模控制。

1. 终端滑模控制器设计

针对式（10.3）所示的气动位置伺服系统设计终端滑模控制器。

滑模面采用如下所示递归的结构[7]：

$$\begin{cases} s_0 = e \\ s_1 = \dot{s}_0 + g_0 s_0 + h_0 s_0^{q_0/p_0} \\ s_2 = \dot{s}_1 + g_1 s_1 + h_1 s_1^{q_1/p_1} \end{cases} \tag{10.14}$$

式中，g_i、h_i、p_i、q_i（i=0,1）为正常数，$p_i > q_i \geqslant 1$。

对 s_1 分别求一阶导数和二阶导数，对 s_2 求一阶导数得到

$$\begin{cases} \dot{s}_1 = \ddot{s}_0 + g_0 \dot{s}_0 + h_0 (q_0/p_0) s_0^{(q_0/p_0-1)} \\ \ddot{s}_1 = \dddot{s}_0 + g_0 \ddot{s}_0 + h_0 (q_0/p_0)(q_0/p_0-1) s_0^{(q_0/p_0-2)} \\ \dot{s}_2 = \ddot{s}_1 + g_1 \dot{s}_1 + h_1 (q_1/p_1) s_1^{(q_1/p_1-1)} \dot{s}_1 \end{cases} \tag{10.15}$$

选取趋近率为

$$\dot{s}_2 = -h_2 s_2 - h_3 s_2^{q/p} \tag{10.16}$$

联立式（10.15）、式（10.16）和 $\ddot{e} = \ddot{y} - \ddot{y}_d$，针对式（10.3）设计终端滑模控制器为

$$u = -\frac{1}{b}[a_1 x_1 + a_2 x_2 + a_3 x_3 - \ddot{y}_d + g_0 \ddot{s}_0 + g_1 \dot{s}_1 + h_0 (q_0/p_0)(q_0/p_0-1) s_0^{(q_0/p_0-2)}$$
$$+ h_1 (q_1/p_1) s_1^{(q_1/p_1-1)} \dot{s}_1 + h_2 s_2 + h_3 s_2^{q/p}]$$

$$\tag{10.17}$$

2. 稳定性分析

选取系统 Lyapunov 函数为

$$V = 1/2\, s_2^2 \tag{10.18}$$

对其求导得到

$$\dot{V} = s_2 \dot{s}_2 \tag{10.19}$$

又由于：

$$\dot{s}_2 = \dddot{s}_0 + g_0 \ddot{s}_0 + g_1 \dot{s}_1 + h_0 (q_0/p_0)(q_0/p_0-1) s_0^{(q_0/p_0-2)} + h_1 (q_1/p_1) s_1^{(q_1/p_1-1)} \dot{s}_1$$

$$\tag{10.20}$$

将式（10.20）代入式（10.19）得到

$$\dot{V} = s_2 \left[\dddot{s}_0 + g_0 \ddot{s}_0 + g_1 \dot{s}_1 + h_0 \left(q_0/p_0 \right) \left(q_0/p_0 - 1 \right) s_0^{(q_0/p_0-2)} + h_1 \left(q_1/p_1 \right) s_1^{(q_1/p_1-1)} \dot{s}_1 \right]$$

$$= s_2 \left[h_0 \left(q_0/p_0 \right) \left(q_0/p_0 - 1 \right) s_0^{(q_0/p_0-2)} + h_1 \left(q_1/p_1 \right) s_1^{(q_1/p_1-1)} \dot{s}_1 \right] \tag{10.21}$$

$$+ s_2 \left[a_1 x_1 + a_2 x_2 + a_3 x_3 + bu - \ddot{y}_d + g_0 \ddot{s}_0 + g_1 \dot{s}_1 \right]$$

将式（10.17）所示控制律代入式（10.21）得

$$\dot{V} = s_2 \left(-h_2 s_2 - h_3 s_2^{q/p} \right) = -h_2 s_2^2 - h_3 s_2^{q/p+1} \tag{10.22}$$

因为 $h_2 > 0, h_3 > 0$，且 p、q 为正奇数，所以 $h_2 s_2^2 > 0, h_3 s_2^{q/p+1} > 0$，即

$$\dot{V} < 0 \tag{10.23}$$

由 Lyapunov 稳定性原理可知设计的终端滑模控制律使得系统渐近稳定。

10.4　超螺旋滑模控制

传统的滑模控制是一种有效的鲁棒方法，可以处理有界的建模不确定性并获得渐近跟踪的性能，缺点是控制量存在抖振[8]。为了解决传统滑模控制器抖振的问题，近年来提出了高阶滑模的思想，可以有效地削弱滑模控制的抖振。超螺旋滑模控制作为常见的高阶滑模控制，目前已得到广泛应用[9]。本章提出一种具有自适应增益的超螺旋滑模控制方法。在传统超螺旋滑模控制算法中引入基于模型的前馈控制律，提高了系统的控制精度。

1. 超螺旋滑模控制器设计

针对式（10.3）给出的气动位置伺服系统模型设计超螺旋滑模控制器。

控制器的设计目标：所设计的控制器能够使得系统实际输出跟踪给定输入指令信号，且跟踪误差为零或在期望的范围内，为便于控制器设计，假设如下。

假设 1：系统输入期望位置信号是三阶连续可微的，且其各阶导数都有界。

定义系统误差变量为

$$\begin{cases} z_1 = x_1 - y_d \\ z_2 = x_2 - \dot{y}_d \\ z_3 = x_3 - \ddot{y}_d \end{cases} \tag{10.24}$$

定义滑模面为

$$s = k_1 z_1 + k_2 z_2 + z_3 \tag{10.25}$$

假设 2：系统不确定性扰动满足 $|d| \leqslant \delta |s|^{\frac{1}{2}}$，其中 δ 为未知的正数。

对滑模面求导得

$$\dot{s} = k_1 \dot{z}_1 + k_2 \dot{z}_2 + \dot{z}_3 = k_1 z_2 + k_2 z_3 + a_1 x_1 + a_2 x_2 + a_3 x_3 + bu + d - \ddot{y}_d \quad (10.26)$$

设计如下所示超螺旋滑模控制器：

$$u = \frac{1}{b}(u_a + u_{s1} + u_{s2}) \quad (10.27)$$

$$u_a = -a_1 x_1 - a_2 x_2 - a_3 x_3 + \ddot{y}_d \quad (10.28)$$

$$u_{s1} = -k_1 z_2 - k_2 z_3 - \alpha |s|^{\frac{1}{2}} \operatorname{sgn}(s) \quad (10.29)$$

$$u_{s2} = -\int_0^t \frac{\beta}{2} \operatorname{sgn}(s) \mathrm{d}\tau \quad (10.30)$$

式中，α、β 为时变的控制器增益，对应自适应律为

$$\begin{cases} \dot{\alpha} = \gamma \sqrt{\dfrac{\kappa}{2}} \operatorname{sign}(|s| - \nu) \\ \dot{\beta} = 2\varepsilon\alpha \end{cases} \quad (10.31)$$

式中，γ、κ、ν、ε 均为任意正数。

2. 稳定性分析

选取系统 Lyapunov 函数为

$$V = \frac{1}{2}s^2 \quad (10.32)$$

对其求导得到

$$\begin{aligned} \dot{V} &= s\dot{s} \\ &= k_1 \dot{z}_1 + k_2 \dot{z}_2 + \dot{z}_3 = k_1 z_2 + k_2 z_3 + a_1 x_1 + a_2 x_2 + a_3 x_3 + bu + d - \ddot{y}_d \end{aligned} \quad (10.33)$$

将式（10.27）～式（10.31）代入式（10.33）得

$$\dot{V} = s\left[d - \alpha |s|^{\frac{1}{2}} \operatorname{sgn}(s) - \int_0^t \frac{\beta}{2} \operatorname{sgn}(s) \mathrm{d}\tau \right] \quad (10.34)$$

定义 $\theta = \int_0^t \dfrac{\beta}{2} \mathrm{d}\tau$，则 $\dot{V}$ 可以表示为

$$\dot{V} = s\left[d - \alpha |s|^{\frac{1}{2}} \operatorname{sgn}(s) - \theta \operatorname{sgn}(s) \right] \quad (10.35)$$

当 $s \geqslant 0$ 时，$\dot{V} = -\alpha |s|^{\frac{3}{2}} - (\theta - d)|s|$，$\theta > \operatorname{dis}$ 时，$\dot{V} < 0$。

当 $s < 0$ 时，$\dot{V} = -\alpha |s|^{\frac{3}{2}} - (\theta + d)|s|$，$\theta > \operatorname{dis}$ 时，$\dot{V} < 0$。

综上所述，选择合适的参数使得上述条件满足时可以得到 $\dot{V} < 0$，由 Lyapunov 稳定性原理可知设计的超螺旋滑模控制律能够使得系统渐近稳定。

10.5　分数阶滑模控制

近年来，分数阶滑模控制方法得到人们的广泛关注。与常规微积分中整数阶微积分不同，分数阶微积分中的微分或积分的阶数是实数。实际上，整数阶微分和积分是其对应分数阶微分和积分的特例。目前，不同领域的研究人员对分数阶动力学有很多的研究[10]，包括材料科学、黏弹性系统[11]和极值寻求应用[12]等。特别是很多的分数阶控制器[13-16]被提出，用于控制动态整数阶和分数阶系统，并且获得了比整数阶控制器更好的控制性能。

气动系统涉及气体的复杂流动过程。有研究表明，流体动力学可能具有分数阶特征[11]。在文献[17]中，提出了一种优化的分数阶 PID 控制器来控制气动系统，实验结果表明，较整数阶 PID 控制器而言，分数阶 PID 控制器具有更好的性能和更广阔的应用前景。为了进一步验证分数阶控制器的优越性，本章基于气动位置伺服系统的整数阶模型，提出了一种具有指数趋近律的分数阶滑模控制方法。该方法在传统滑动表面中引入分数阶微分，利用分数阶微分属性改善控制性能而不增加实现的复杂性。在控制器的设计过程中，只需要知道位移信息且不需要压力传感器，因此控制系统配置简单且便宜，更容易实现。同时由于只使用了分数阶滑动面，控制系统也易于分析。利用 Lyapunov 定理证明了该控制器的稳定性。

1. 分数阶滑模控制器设计

气动位置伺服系统模型如式（10.3）所示，针对该系统设计分数阶滑模控制器。该控制器的系统框图如图 10.2 所示。

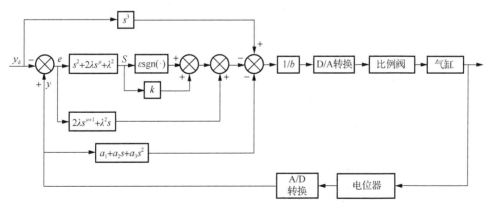

图 10.2　分数阶滑模控制系统框图

定义分数阶滑模面为

$$S = \ddot{e} + 2\lambda D^{\mu}e + \lambda^2 e \qquad (10.36)$$

式中，$e = y - y_\mathrm{d}$ 为系统跟踪误差；$D^{\mu}e$ 为 e 的 μ 阶导数。对于 μ 阶微分的定义可参考文献[18]。如果 $\mu = 1$，式（10.36）表示传统滑模面。此处 $1 < \mu < 2$ 表示分数阶滑模面。滑模面的导数为

$$\dot{S} = \ddot{e} + 2\lambda D^{\mu+1}e + \lambda^2 \dot{e} \qquad (10.37)$$

选取趋近率为

$$\dot{S} = -\varepsilon \,\mathrm{sgn}(S) - kS \qquad (10.38)$$

式中，$\varepsilon > 0, k > 0$ 均为常数。

由式（10.37）和式（10.38）可得

$$\ddot{e} = \ddot{y} - \ddot{y}_\mathrm{d} = -\varepsilon \,\mathrm{sgn}(S) - kS - 2\lambda D^{\mu+1}e - \lambda^2 e \qquad (10.39)$$

由式（10.3）和式（10.39）可以得到控制律为

$$u = \frac{1}{b}\Big[-\varepsilon \,\mathrm{sgn}(S) - kS - a_1 x_1 - a_2 x_2 - a_3 x_3 + \ddot{y}_\mathrm{d} - 2\lambda D^{\mu+1}e - \lambda^2 \dot{e} \Big] \qquad (10.40)$$

2. 稳定性分析

定义 Lyapunov 函数为

$$V = \frac{1}{2}S^2 \qquad (10.41)$$

式（10.41）的导数为

$$\begin{aligned} \dot{V} = S\dot{S} &= S\big(\ddot{e} + 2\lambda D^{\mu+1}e + \lambda^2 \dot{e}\big) \\ &= S\big(\ddot{y} - \ddot{y}_\mathrm{d} + 2\lambda D^{\mu+1}e + \lambda^2 \dot{e}\big) \qquad (10.42) \\ &= S\big(a_1 x_1 + a_2 x_2 + a_3 x_3 + bu + d - \ddot{y}_\mathrm{d} + 2\lambda D^{\mu+1}e + \lambda^2 \dot{e}\big) \end{aligned}$$

将式（10.40）代入式（10.42）得

$$\dot{V} = S\dot{S} = S\big(d - \varepsilon \,\mathrm{sgn}(S) - kS\big) \leqslant -(\varepsilon - d)|S| - kS^2 \qquad (10.43)$$

由 Lyapunov 稳定性理论可知，选择合适的参数使得 $\varepsilon > \mathrm{dis}$，则系统状态将渐进趋近于 $S = 0$。

当 $S = 0$ 时，可以得到

$$\ddot{e} + 2\lambda D^{\mu}e + \lambda^2 e = 0 \qquad (10.44)$$

通过拉普拉斯变换，式（10.44）可以表示为

$$s^2 E(s) + 2\lambda s^\mu E(s) + \lambda^2 E(s) = 0 \qquad (10.45)$$

根据经典控制理论，式（10.45）可以看作是以 e 作为输出的闭环系统，其开环传递函数为

$$G_k(s) = \frac{1}{\lambda^2}\left(s^2 + 2\lambda s^\mu\right) \qquad (10.46)$$

由文献[18]中的结论可知，该开环传递函数的相位总是大于 $\pi/2$，且右半平面没有极点。因此，由 Nyquist 定理可证明闭环系统的稳定性。根据分数阶系统拉普拉斯变换的终值定理得到

$$\lim_{t \to \infty} = \lim_{s \to 0} \frac{s}{\lambda^2}\left(s^2 + 2\lambda s^\mu\right) = 0 \qquad (10.47)$$

综上所述，可以得出结论：如果 S 趋于零，则跟踪误差 e 趋向于零，这意味着气动位置伺服系统的输出可以渐近地跟踪给定参考信号。

10.6　实验结果

为了对比控制器跟踪不同信号时的性能，本章所提出的基于指数趋近率的滑模变结构控制、终端滑模控制、超螺旋滑模控制和分数阶滑模控制四种控制器分别被用于气动系统对于三种类型参考信号的跟踪控制。跟踪三种参考信号得到的实验结果如图 10.3～图 10.5 所示。各控制器参数设置如下：

系统参数为 $a_1 = 0$、$a_2 = 218.43$、$a_3 = 29.55$、$b = 5559.20$。

基于指数趋近率的滑模变结构控制器参数为 $\lambda = 110$、$\varepsilon = 1$、$k = 185$。

终端滑模控制器参数为 $g_0 = 2$、$g_1 = 500$、$h_0 = h_1 = 30$、$h_2 = 1000$、$h_3 = 200$、$q_0 = 2$、$p_0 = 1$、$q_1 = q = 3$、$p_1 = p = 1$。

超螺旋滑模控制器参数为 $k_1 = 10000$、$k_2 = 30$、$\gamma = 20$、$\kappa = 5000$、$v = 0.01$、$\varepsilon = 0.1$。

分数阶滑模控制器参数为 $\mu = 1.5$、$\lambda = 41$、$\varepsilon = 5$、$k = 60$。

图 10.3 为四种控制器分别跟踪正弦信号的实验结果，图 10.4 为四种控制器分别跟踪 S 曲线信号的实验结果，图 10.5 为四种控制器分别跟踪多频正弦信号的实验结果。其中子图（a）表示基于指数趋近率的滑模变结构控制方法，子图（b）表示终端滑模控制方法，子图（c）表示超螺旋滑模控制方法，子图（d）表示分数阶滑模控制方法。图中虚线为期望位置，实线为系统实际位置。

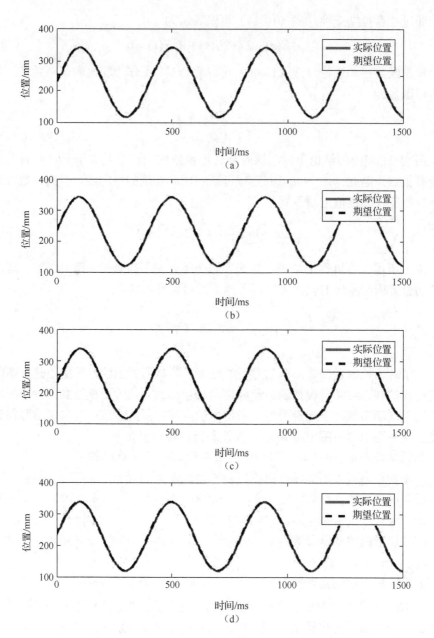

图 10.3　四种控制器分别跟踪正弦信号的实验结果

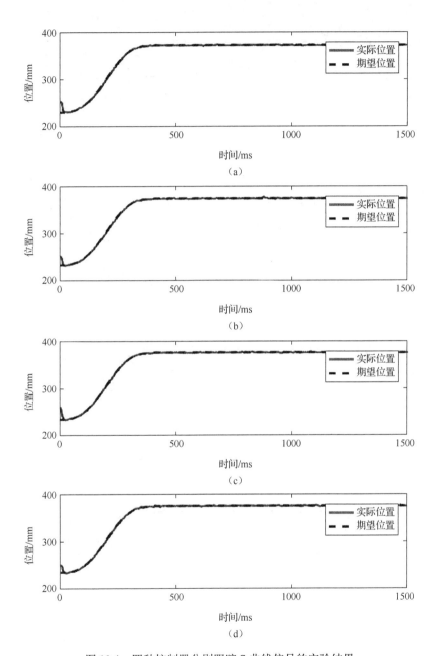

图 10.4　四种控制器分别跟踪 S 曲线信号的实验结果

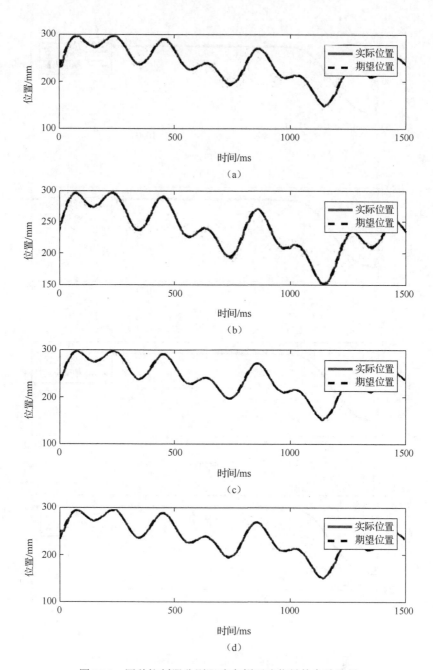

图 10.5　四种控制器分别跟踪多频正弦信号的实验结果

　　采用本章所提到的四种控制方法分别跟踪正弦信号、S 曲线信号、多频正弦信号三类期望位置信号的 RMSE 和 Q 的对比结果分别如表 10.1～表 10.3 所示。

表 10.1　四种控制方法跟踪正弦信号的 RMSE 和 Q 的对比结果

方法	指标	最大值	平均值
基于指数趋近率的滑模变结构控制	RMSE/mm	2.0675	2.0416
	Q/V	2882.2	2874.7
终端滑模控制	RMSE/mm	2.5945	2.3551
	Q/V	1464.2	1419.6
超螺旋滑模控制	RMSE/mm	2.1966	1.9514
	Q/V	1348.7	1245.2
分数阶滑模控制	RMSE/mm	1.0368	1.0148
	Q/V	1074.4	1037.1

表 10.2　四种控制方法跟踪 S 曲线信号的 RMSE 和 Q 的对比结果

方法	指标	最大值	平均值
基于指数趋近率的滑模变结构控制	RMSE/mm	0.6763	0.6502
	Q/V	2783.8	2768.4
终端滑模控制	RMSE/mm	1.1179	0.9027
	Q/V	1562.9	1503.5
超螺旋滑模控制	RMSE/mm	0.7852	0.6461
	Q/V	1518.5	1122.1
分数阶滑模控制	RMSE/mm	0.2604	0.2218
	Q/V	687.9	685.9

表 10.3　四种控制方法跟踪多频正弦信号的 RMSE 和 Q 的对比结果

方法	指标	最大值	平均值
基于指数趋近率的滑模变结构控制	RMSE/mm	1.1059	1.0661
	Q/V	2848.5	2840.7
终端滑模控制	RMSE/mm	1.4450	1.2335
	Q/V	1459.1	1404.1
超螺旋滑模控制	RMSE/mm	1.1925	1.1071
	Q/V	1327.6	1128.9
分数阶滑模控制	RMSE/mm	0.8309	0.8101
	Q/V	839.7	832.3

由表 10.1～表 10.3 可以看出，分数阶滑模控制方法的 RMSE 小于其他方法的 RMSE，并且能量消耗 Q 也是最少的，具有比其他方法更好的跟踪性能。

10.7 实 验 程 序

实验程序包括：滑模变量的定义程序、基于指数趋近率的滑模变结构控制程序、终端滑模控制程序、超螺旋滑模控制程序、分数阶滑模控制程序。

1）例程 10-1 滑模变量的定义程序

```
1     '滑模控制变量说明
2     Dim y As Double              '系统实际输出位移信号
3     Dim ly As Double             '系统实际输出位移信号上一时刻值
4     Dim d1y As Double            '系统实际输出位移信号的一阶导数
5     Dim d2y As Double            '系统实际输出位移信号的二阶导数
6     Dim rin As Double                '给定参考信号
7     Dim lrin As Double
8     Dim d1rin As Double              '给定参考信号的一阶导数
9     Dim ld1rin As Double
10    Dim d2rin As Double              '给定参考信号的二阶导数
11    Dim ld2rin As Double
12    Dim d3rin As Double              '给定参考信号的三阶导数
13    Dim e As Double                  '误差
14    Dim le As Double
15    Dim d1e As Double            '误差的一阶导数
16    Dim ld1e As Double
17    Dim d2e As Double            '误差的二阶导数
18    Dim S As Double              '滑模面
19    Dim t As Double              '采样时间
20    '控制器参数
21    Dim eplison As Double
22    Dim k As Double
23    Dim lamda As Double
24    Dim u As Double                  '控制量
25    Dim pda As Double                '存储控制量的中间变量
26    '==========基于指数趋近率的滑模变结构控制变量说明
27    Dim ly As Double             '系统实际输出位移信号上一时刻值
28    Dim d1y As Double            '系统实际输出位移信号的一阶导数
29    Dim lrin As Double
30    Dim ld1rin As Double
31    Dim ld2rin As Double
32    Dim e As Double                  '误差
33    Dim le As Double
34    Dim ld1e As Double
35    Dim t As Double              '采样时间
36    '=========终端滑模参数说明
37    '递归结构滑模面中的变量
```

```
38    Dim s0 As Double
39    Dim ls0 As Double
40    Dim lls0 As Double
41    Dim ds0 As Double
42    Dim dds0 As Double
43    Dim s1 As Double
44    Dim ls1 As Double
45    Dim ds1 As Double
46    Dim s2 As Double
47    '系统参数
48    Dim m As Double
49    Dim a0 As Double
50    Dim a1 As Double
51    Dim a2 As Double
52    Dim a3 As Double
53    Dim a4 As Double
54    '控制器参数
55    Dim h0 As Double
56    Dim q0 As Double
57    Dim p0 As Double
58    Dim h1 As Double
59    Dim h2 As Double
60    Dim h3 As Double
61    Dim q2 As Double
62    Dim p2 As Double
63    Dim k1 As Double
64    Dim k2 As Double
65    Dim d As Double
66    Dim t As Double              '采样时间
67    '便于表示设置的中间变量
68    Dim cs As Double
69    Dim s As Double
70    Dim ds As Double
71    '=========超螺旋滑模的参数定义
72    Dim z1 As Double              '跟踪误差
73    Dim z2 As Double              '跟踪误差一阶导数
74    Dim z3 As Double              '跟踪误差二阶导数
75    Dim x1 As Double              '位移
76    Dim x2 As Double              '速度
77    Dim x3 As Double              '加速度
78    '滑模面参数
79    Dim k1 As Double
80    Dim k2 As Double
81    Dim k3 As Double
82    '系统参数
83    Dim a0 As Double
```

```
84    Dim a1 As Double
85    Dim a2 As Double
86    '控制器中的参数
87    Dim gamma As Double
88    Dim kappa As Double
89    Dim nu As Double
90    Dim epsilon As Double
91    Dim alpha As Double
92    Dim beta As Double
93    '各变量上一时刻值
94    Dim lyd As Double
95    Dim ldyd As Double
96    Dim lddyd As Double
97    Dim ly As Double
98    Dim ldy As Double
99    Dim ls As Double
100   Dim lus2 As Double
101   Dim lalpha As Double
102   '=======分数阶滑模控制参数说明
103   Dim cnt As Single           '微积分算子中采样点个数
104   '控制器中的参数
105   Dim KC2 As Double
106   Dim k1 As Double
107   Dim lamda As Double
108   Dim aaaa As Double
109   Dim bbbb As Double
110   Dim I As Double
111   Public ctai(100) As Double              '积分算子中的系数
112   Public ctad(100 ) As Double             '微分算子中的系数
113   Dim pdajf As Double
114   Dim pdawf As Double
```

2）例程 10-2 基于指数趋近率的滑模变结构控制程序

```
1     '滑模控制子函数
2     huamoControl
3     End Function
4     Sub huamoControl()
5     count = count + 1
6     If count > 1600 Then
7     Form1.Command2_Click
8     Form1.Command4_Click
9     End If
10    '采集系统实际输出位移信号
11    NumBack = PCI2306_ReadDevOneAD(hDevice, adchanneL)
12    pad = NumBack
```

```
13    '滤波
14    If Count > 200 Then
15    If Abs(NumBack - NumBack_1) > 25 Then
16    NumBack = 0.35 * NumBack + 0.65 * NumBack_1
17    End If
18    End If
19    '滑模面
20    S = d2e + 2 * lamda * d1e + lamda * lamda * e
21    'kongzhiqi
22    u = ( -epsilon * Sgn(S) - k * S+29.5 * d2y + 218.4 * dy + d3rin
23    - 2 * lamda * d2e - lamda * lamda * d1e) / 5559.2
24    pda = u
25    '限幅
26    If pda >= 2937 Then
27    pda = 2937
28    End If
29    If pda <= 1337 Then
30    pda = 1337
31    End If
32    '送出控制量
33    PCI2306_WriteDeviceProDA hDevice, pda, DAChannel
34    End Sub
35    Function initiate()
36    Count = 0
37    t = 0.01
38    '滑模控制参数初始化
39    le = 0
40    ld1e = 0
41    lrin = 0
42    ld1rin = 0
43    ld2rin = 0
44    ly = 0
45    ld1y = 0
46    ld2y = 0
47    lamda=110
48    eplison=1
49    k=185
50    End Function
```

3）例程 10-3　终端滑模控制程序

```
1    '终端滑模控制子函数
2    zhongduanhuamoControl
3    End Function
4    Sub zhongduanhuamoControl()
5    count = count + 1
```

```
6    If count > 1600 Then
7    Form1.Command2_Click
8    Form1.Command4_Click
9    End If
10   '采集系统实际输出位移信号
11   y = PCI2306_ReadDevOneAD(hDevice, adchanneL)
12   r = rinn                                '给定参考信号
13   e = r - y                               '跟踪误差
14   dr = (r - lr) / t                       '给定参考信号一阶导数
15   lr = r
16   ddr = (r - 2 * lr + llr) / (t ^ 2)      '给定参考信号二阶导数
17   llr = lr
18   dddr = (r - 3 * lr + 3 * llr - lllr) / (t ^ 3)   '给定参考信号
     三阶导数
19   lllr = llr
20   dy = (y - ly) / t                       '系统实际输出位移的一阶导数
21   ly = y
22   ddy = (y - 2 * ly + lly) / (t ^ 2)      '系统实际输出位移的二阶导数
23   lly = ly
24   de = dr - dy                            '跟踪误差的一阶导数
25   dde = ddr - ddy                         '跟踪误差的二阶导数
26   '滑模面
27   s0 = e
28   ds0 = (s0 - ls0) / t
29   ls0 = s0
30   dds0 = (s0 - 2 * ls0 + lls0) / (t ^ 2)
31   lls0 = ls0
32   s1 = ds0 + a0 * s0 + h0 * (s0 ^ (q0 / p0))
33   ds1 = (s1 - ls1) / t
34   ls1 = s1
35   s2 = ds1 + a1 * s1 + h1 * (s1 ^ (q2 / p2))
36   '控制器设计
37   cs = h0 * (q0 / p0) * (q0 / p0 - 1) * (s0 ^ (q0 / p0 - 2)) +
38   h1 * (q2 / p2) * (s1 ^ (q2 / p2 - 1)) * ds1
39   s = a0 * dds0 + a1 * ds1
40   '趋近率
41   If s2 > 0 Then
42   ds = k1 + k2 * s2
43   ElseIf s2 < 0 Then
44   ds = -k1 + k2 * s2
45   Else
46   ds = k2 * s2
47   End If
48   ds = h2 * s2 + h3 * s2 ^ (q / p)
49   '最终的控制器
50   u = (1 / m) * (dddr - a4 * y - a2 * dy - a3 * ddy - d + cs +
```

```
     s + ds)
51   pda = u
52   '限幅
53   If pda >= 2450 Then
54   pda = 2450
55   End If
56   If pda <= 1650 Then
57   pda = 1650
58   End If
59   '送出控制量
60   PCI2306_WriteDeviceProDA hDevice, pda, channeLN
61   '记录当前值
62   lrin = rin
63   ld1rin = d1rin
64   ld2rin = d2rin
65   ly = y
66   ld1y = d1y
67   le = e
68   ld1e = d1e
69   End Sub
70   Function initiate()
71   '滑模控制参数初始化
72   t = 0.01
73   le = 0
74   ld1e = 0
75   la1 = 0
76   la2 = 0
77   la3 = 0
78   lrin = 0
79   ld1rin = 0
80   ld2rin = 0
81   ly = 0
82   ld1y = 0
83   ld2y = 0
84   le = 0
85   se = 0
86   '控制器参数
87   m = 5559.2
88   a0 = 2
89   a1 = 500
90   a2 = 218.4
91   a3 = 29.5
92   a4 = 0
93   h0 = 3
94   q0 = 2
95   p0 = 1
```

```
96   h1 = 3
97   q2 = 3
98   p2 = 1
99   h2 = 1000
100  h3 = 200
101  q = 3
102  p = 1
103  End Function
```

4）例程 10-4 超螺旋滑模控制程序

```
1    '超螺旋滑模控制子函数
2    CLXHM
3    End Function
4    Sub CLXHM()
5    count = count + 1           '运算步数累计
6    If count > 1600 Then
7    Form1.Command2_Click        '停止按钮
8    End If
9    pad = PCI2306_ReadDevOneAD(hDevice, adchanneL)        '采集系统实
     际输出位移信号
10   rin = rinn
11   e = y - rin
12   y = pad
13   yd = rin
14   '控制器设计
15   dyd = (yd - lyd) / t      '期望位移输出的一阶导数
16   lyd = yd
17   ddyd = (dyd - ldyd) / t  '期望位移输出的二阶导数
18   ldyd = dyd
19   dddyd = (ddyd - lddyd) / t '期望位移输出的三阶导数
20   lddyd = ddyd
21   dy = (y - ly) / t          '实际输出的一阶导数
22   ly = y
23   ddy = (dy - ldy) / t       '实际输出的二阶导数
24   ldy = dy
25   x1 = y          '实际输出位移
26   x2 = dy        '实际输出速度
27   x3 = ddy       '实际输出加速度
28   z1 = x1 - yd      '位置跟踪误差
29   z2 = x2 - dyd
30   z3 = x3 - ddyd
31   s = k1 * z1 + k2 * z2 + k3 * z3     '滑模面
32   's 绝对值
33   If s > 0 Then
34   ss = s
```

```
35    ElseIf s < 0 Then
36    ss = -s
37    Else
38    ss = 0
39    End If
40    's 符号函数
41    If s > 0 Then
42    sss = 1
43    ElseIf s < 0 Then
44    sss = -1
45    Else
46    sss = 0
47    End If
48    'alpha 中的符号函数
49    ssss = ss - nu
50    If ssss > 0 Then
51    sssss = 1
52    ElseIf ssss < 0 Then
53    sssss = -1
54    Else
55    sssss = 0
56    End If
57    dalpha = gamma * Sqr(kappa / 2) * sssss
58    alpha = dalpha * t + lalpha
59    lalpha = alpha
60    beta = 2 * epsilon * alpha
61    '控制器
62    ua = -a0 * x1 - a1 * x2 - a2 * x3 + dddyd
63    us1 = -k1 * z2 - k2 * z3 - alpha * Sqr(ss) * sss
64    dus2 = -(beta / 2) * sss
65    us2 = dus2 * t + lus2
66    lus2 = us2
67    u = ua + us1 + us2
68    pda = u
69    '限幅
70    If pda >= 2450 Then
71    pda = 2450
72    End If
73    If pda <= 1550 Then
74    pda = 1550
75    End If
76    Function initiate()
77    count = 0
78    t = 0.01
79    '超螺旋滑模控制参数初始化
80    lyd = 0
```

```
81    ldyd = 0
82    lddyd = 0
83    ly = 0
84    ls = 0
85    lus2 = 0
86    lalpha = 0.07
87    k1 = 10000
88    k2 = 30
89    a0 = 0
90    a1 = 218.4
91    a2 = 29.5
92    b=5559.2
93    gamma = 20
94    kappa = 5000
95    nu = 0.01
96    eplison = 0.1
97    End Function
```

5) 例程 10-5 分数阶滑模控制程序

```
1     '分数阶滑模控制子函数
2     FenshujiehuamoControl
3     End Function
4     Sub fenshujiehuamoControl()
5     count = count + 1
6     If count > 1600 Then
7     Form1.Command2_Click
8     Form1.Command4_Click
9     End If
10    '采集系统实际输出位移信号
11    y = PCI2306_ReadDevOneAD(hDevice, adchanneL)
12    '通过控制界面输入控制器参数
13    aaaa = Form1.Text3.Text
14    lamda = Form1.Text6.Text
15    k1 = Form1.Text7.Text
16    KC2 = Form1.Text8.Text
17    rin = rinn                         '给定参考信号
18    d1rin = (rin - lrin) / t           '参考信号一阶导数
19    d2rin = (d1rin - ld1rin) / t       '参考信号二阶导数
20    d3rin = (d2rin - ld2rin) / t       '参考信号三阶导数
21    d1y = (y - ly) / t                 '系统实际输出位移的一阶导数
22    d2y = (d1y - ld1y) / t             '系统实际输出位移的二阶导数
23    e = y - rin                        '跟踪误差
24    d1e = (e - le) / t                 '跟踪误差的一阶导数
25    le=e
26    d2e = (d1e - ld1e) / t             '跟踪误差的二阶导数
```

```
27    e2(cnt) = -e
28    '为了减小计算量，在分数阶微积分数值化计算时，在误差允许范围内，指定记忆
29    长度，忽略较早数据点
30    '当采样点个数小于设定值 20 时的分数阶滑模控制器
31    If cnt < 20 Then
32    For I = 0 To 18
33    e2(I) = e2(I + 1)
34    Next I
35    e2(19) = -e
36    pdajf = 0
37    pdawf = 0
38    For I = 0 To 19
39    pdajf = pdajf + ctai(I) * e2(19 - I)          '积分算子
40    pdawf = pdawf + ctad(I) * e2(19 - I)          '微分算子
41    Next I
42    S = d2e + 2 * lamda * pdajf + lamda * lamda * e '分数阶滑模面
43    Ueq = -k1 * Sgn(S) - KC2 * S + 29.5 * d2y + 218.4 * dy + d3rin
44    - 2 * lamda * pdawf - lamda * lamda * d1e        '控制器部分项
45    Else
46    e2(cnt) = -e
47    End If
48    '当采样点个数大于设定值 20 时的分数阶滑模控制器
49    If cnt >= 20 Then
50    pdajf = 0
51    pdawf = 0
52    For I = 0 To 19
53    pdajf = pdajf + ctai(I) * e2(cnt - I)          '积分算子
54    pdawf = pdawf + ctad(I) * e2(cnt - I)          '微分算子
55    Next I
56    S = d2e + 2 * lamda * pdajf + lamda * lamda * e '分数阶滑模面
57    Ueq = -5 * Sgn(S) - 60 * S + 29.5 * d2y + 218.4 * dy + d3rin
58    - 2 * lamda * pdawf - lamda * lamda * d1e          '控制器部分项
59    End If
60    u = Ueq / 5559.2              '最终控制器
61    pda = u
62    cnt = cnt + 1                '采样次数
63    '限幅
64    If pda >= 2937 Then
65    pda = 2937
66    End If
67    If pda <= 1337 Then
68    pda = 1337
69    End If
70    '送出控制量
71    PCI2306_WriteDeviceProDA hDevice, pda, channeLN
72    '记录当前值
```

```
73   lrin = rin
74   ld1rin = d1rin
75   ld2rin = d2rin
76   ly = y
77   ld1y = d1y
78   le = e
79   ld1e = d1e
80   End Sub
81   Function initiate()
82   t = 0.01          '采样时间
83   count = 0
84   '滑模控制参数初始化
85   SZE = 0
86   le = 0
87   ld1e = 0
88   la1 = 0
89   la2 = 0
90   la3 = 0
91   lrin = 0
92   ld1rin = 0
93   ld2rin = 0
94   ly = 0
95   ld1y = 0
96   ld2y = 0
97   le = 0
98   se = 0
99   aaaa = 1.5
100  bbbb = 2.5
101  ctai(0) = 1
102  ctad(0) = 1
103  For I = 1 To 19
104  ctai(I) = (1 - (aaaa + 1) / I) * ctai(I - 1)
105  ctad(I) = (1 - (bbbb + 1) / I) * ctad(I - 1)
106  Next I
107  For I = 0 To 19
108  e2(I) = 0
109  Next I
110  End Function
```

参 考 文 献

[1] 王秀君, 裘丽华. 电液伺服系统的变结构控制研究[J]. 机床与液压, 2003, (5): 125-126.

[2] 马亚丽. 基于滑模变控制理论的电液位置伺服控制方法研究[D]. 太原：太原理工大学, 2010.

[3] 穆效江, 陈阳舟. 滑模变结构控制理论研究综述[J]. 控制工程, 2007, (14): 1-5.

[4] 胡永生. 滑模变结构控制及其在电液位置伺服系统中的应用研究[D]. 太原：太原理工大学, 2008.

[5] 高为炳, 程勉. 变结构控制系统的品质控制[J]. 控制与决策, 1989, (4): 1-6.

[6] FENG Y, YU X, MAN Z. Non-singular terminal sliding mode control of rigid manipulators [J]. Automatica, 2002, 38(12): 2159-2167.

[7] YU X G, MAN Z Y. Fast terminal sliding-mode control design for nonlinear dynamical systems[J]. IEEE Transactions on Circuits and Systems I: Fundamental Theory and Applications, 2002, 49(2): 261-264.

[8] GONZALEZ T, MORENO J A, FRIDMAN L. Variable gain super-twisting sliding mode control[J]. IEEE Transactions on Automatic Control, 2012, 57(8): 2100-2105.

[9] 陈丽君, 姚建勇, 邓文翔. 具有自适应增益的电液位置伺服系统超螺旋滑模控制[J]. 机床与液压, 2016, 44(11): 69-74.

[10] AHN H S, CHEN Y Q, PODLUBNY I. Robust stability test of a class of linear time-invariant interval fractional-order system using Lyapunov inequality[J]. Expert Systems with Applications, 2007, 187(1): 27-34.

[11] BATTAGLIA J L, BATSALE J C, LAY L L, et al. Heat flow estimation through inverted non-integer identification model[J]. International Journal of Thermal Science, 2000, 39(3): 374-389.

[12] YIN C, HUANG X, DADRAS S, et al. Design of optimal lighting control strategy based on multi-variable fractional-order extremum seeking method[J]. Information Sciences, 2018, 465: 38-60.

[13] PODLUBNY I. Fractional-order systems and $PI^{\lambda}D^{\mu}$ controllers[J]. IEEE Transactions on Automatic Control, 1999, 44(1): 208-214.

[14] RAYNAUD H F, ZERGAINOH A. State-space representation for fractional order controllers[J]. Automatica, 2000, 36(7): 1017-1021.

[15] ERENTURK K. Fractional-order and active disturbance rejection control of nonlinear two-mass drive system[J]. IEEE Transactions on Industrial Electronics, 2013, 60(9): 3806-3813.

[16] CHEN L F, XUE D Y. Simulation of fractional order control based on IPMC model[C]. Chinese Control and Decision Conference, Hunan, China, 2014: 598-601.

[17] REN H P, FAN J T, KAYNAK O. Optimal design of a fractional order PID controller for a pneumatic position servo system[J]. IEEE Transactions on Industrial Electronics, 2019, 66(8): 6220-6229.

[18] REN H P, WANG X, FAN J T, et al. Fractional order sliding mode control of a pneumatic position servo system[J]. The Journal of the Franklin Institute, 2019, 356(12): 6160-6174.